數位模組化創意實驗

盧明智、許陳鑑、王地河　編著

全華圖書股份有限公司

序言

一、這是一種趨勢

數位邏輯課程從早期認識 0 與 1 開始，進入數位 IC 的實習與使用，迄今 PLA、PLD、FPGA…及各式整合型的大 IC 相繼問世，使得數位邏輯課程中的系統整合變得格外重要，即教導學生如何把現有的中小型數位 IC(如 TTL，CMOS…)組成實用的線路，將是未來數位課程的主要趨勢，以迎合 Gate Array 的系統規劃及相關介面系統的設計。

二、解決學生的困擾

拿一中小型數位 IC 做實用線路的系統實驗時，常常用到數個 TTL 或 CMOS 數位 IC，卻因接線太多而告失敗，致學生喪失信心，教師協助除錯也倍感辛苦，以兩位數的電子碼錶為例，由振盪電路、控制部份、計數器、解碼器、顯示器…，最少要插 6 個數位 IC，兩個七線段顯示器，全部接線最少要 104 條，這麼多的接線，也難怪學生無法自己除錯。

三、我一直在思考的問題

我一直在想，怎樣使數位實驗變得更容易、更簡單，從原理的認識，學會數位 IC 的使用，減少實驗接線，進而達系統組合的能力，並培養除錯的技術。讓學生在家也能做數位實驗，以學生的理念，從事不擇手段的設計(數位 IC 之相互取代性太高了)，完成"我喜歡有什麼不可以"的實現。讓數位邏輯課程與實驗，提升到自我發揮的領域，也融入新新人類的思考模式。因而提高其學習動機，增加其興趣，使您、我在數位課程的付出中，有相當的成就和喜悅。

四、數位模板之邊際效益

1. 可當數位邏輯的實驗項目

每一個模板都能規劃成有系統的學習步驟，從原理說明、IC 使用、線路分析、零件選購、焊接練習、產品測試故障排除、應用思考…。以踏實數位邏輯課程之有效學習。

2. 是儀器也是工具

　　模板共有六片：(1) 8 位元邏輯指示器 (2)單一脈波產生器 (3)兩位數十進制計數器 (4)時脈信號產生器 (5)兩位數七線段顯示器 (6) 8 位元二進制計數器。這六片板子可以充當**信號產生器**、**示波器**、**數字顯示器**，則學生在家一定能自己做數位實驗，這些板子也可以拿來當數位電路的除錯工具。並且可用於微電腦或介面實驗中，當輸入信號及受控元件，真正達到所有數位實驗課程與專題製作都可以使用的目的。

五、互勉相祝賀

　　電路種類及所訂實驗項目…或有不合您意、編排說明若有缺失，尚請見諒，願我們教的課程愉快、學生學的有成就。

盧明智　淡水老家

編 輯 部 序

　　「系統編輯」是我們的編輯方針，我們所提供給您的，絕不只是一本書，而是關於這門學問的所有知識，它們由淺入深，循序漸進。

　　本書分為十一章，從數位實驗模板原理的認識至完成各種應用實驗，並且使學生能夠發揮系統組合之能力、培養除錯的技術。書附數位模組 PCB，配合書中之數位實驗專題，即使在家也可以做數位實驗及電路測試，其 PCB 的組合可將實習中繁雜且重覆的接線簡化之，更可作為考試之輔助工具。此 PCB 版可單獨購買並與其他課程搭配使用。適合私立大學、科大電子系「數位邏輯電路實習」之課程使用。

　　同時，為了使您能有系統且循序漸進研習相關方面的叢書，我們以流程圖方式，列出相關圖書的閱讀順序，以減少您研習此門學問的摸索時間，並能對這門學問有完整的知識。若您在這方面有任何問題，歡迎來函連繫，我們將竭誠為您服務。

相關叢書介紹

書號：0544803
書名：數位邏輯電路實習(第四版)
編著：周靜娟.鄭光欽.黃孝祖.吳明瑞
16K/376 頁/380 元

書號：05841
書名：數位積體電路分析與設計
　　　(第三版)
編譯：呂啓彰.鄭智元
16K/592 頁/650 元

書號：0397901
書名：CMOS 數位積體電路
　　　分析與設計(第三版)
編譯：吳紹懋.黃正光
20K/840 頁/650 元

書號：05106037
書名：CMOS 電路模擬與設計－
　　　使用 Hspice(第四版)
　　　(附範例光碟)
編著：鍾文耀.鄭美珠
20K/576 頁/570 元

書號：05567047
書名：FPGA/CPLD 數位電路設計入門
　　　與實務應用－使用 Quartus II
　　　(第五版)(附系統.範例光碟)
編著：莊慧仁
16K/420 頁/450 元

書號：05727047
書名：系統晶片設計－使用 quartus II
　　　(第五版)(附系統範例光碟)
編著：廖裕評.陸瑞強
16K/696 頁/720 元

書號：05699057
書名：FPGA/CPLD 數位晶片設計
　　　入門－使用 XilinxISE 發展
　　　系統(第六版)(附程式範例
　　　光碟)
編著：鄭群星
20K/624 頁/600 元

◎上列書價若有變動，請以
　最新定價為準。

流程圖

書號：0528875
書名：數位邏輯設計
　　　(第六版)(精裝本)
編著：林銘波

書號：0526304
書名：數位邏輯設計
　　　(第五版)
編著：黃慶璋

書號：04867206
書名：數位邏輯(鍛鍊本)
編著：呂景富

書號：0053501
書名：數位電路實習與專題
　　　製作(第二版)
編著：鍾富昭

書號：06001016
書名：數位模組化創意實驗
　　　(第二版)(附數位實驗
　　　模組 PCB)
編著：盧明智.許陳鑑.王地河

書號：03675037
書名：CPLD 數位電路設計
　　　－使用 MAX+Plus II
　　　入門篇(含乙級數位電
　　　子術科解析)(第四版)
　　　(附範例系統光碟)
編著：廖裕評.陸瑞強

書號：03838036
書名：數位 IC 積木式實驗
　　　與專題製作(附數位
　　　實驗模板 PCB)
　　　(第四版)
編著：盧明智

書號：06186036
書名：電子電路實作與
　　　應用(第四版)
　　　(附 PCB 板)
編著：張榮洲.張宥凱

書號：06160007
書名：數位追蹤技術
　　　(附超值光碟)
編著：張義和

目 錄
CONTENTS

數位模組化創意實驗

3　數位實驗模板線路分析與故障排除 **3-1**

4　數位實驗模板應用範例 **4-1**

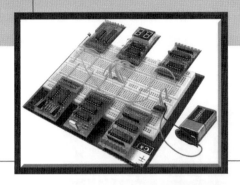

Chapter 1

數位實驗模板之功能與製作

1-1　數位實驗模板的主要目的

1. 減少實驗接線，降低錯誤機率。
2. 方便系統設計，達到系統實驗的目的。
3. 操作只要按開關，就能看到實驗結果的境界。
4. 不必儀器設備，讓您在家也能做數位實驗和線路設計。

1-2　數位實驗模板的相關功用

1. 可拿來當數位電路的除錯和維修工具。
2. 減少接線就能避免錯誤，以提高學習興趣和信心。
3. 實驗成果驗收和實作設計考試之最佳輔助工具。
4. 來日支援微電腦 I/O 實驗和專題製作，方便無比。
5. 數位實驗模板之系統組合，使數位教學變成"積木遊戲"。

1-3 數位實驗模板的介紹

1. LA-01 邏輯狀態指示器

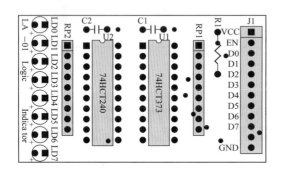

LA-01 的功能：
(1) 具有八位元邏輯指示。
(2) 邏輯 1，LED ON。
(3) 預留致能腳 EN，EN=0 不動作。

圖 1-1　LA-01 零件配置圖

2. LA-02 單一脈波產生器

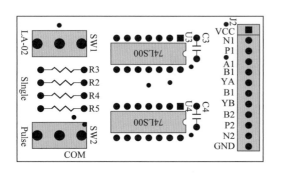

LA-02 的功能：
(1) 兩組單一脈波產生器。
(2) 有一個 NAND 閘，$\overline{B_1 \cdot B_2} = Y_B$。
(3) 有一個 AND 閘，$A_1 \cdot A_2 = Y_A$。

圖 1-2　LA-02 零件配置圖

3. LA-03 十進制計數器

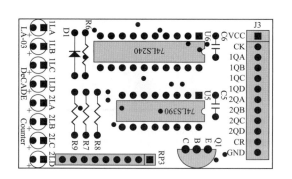

LA−03 的功能：
(1) 擁有兩個十進制計數器。
(2) 兩組 LED 指示個位和十位。
(3) 預留清除腳供您使用。

圖 1-3　LA-03 零件配置圖

4. LA-04 時脈產生器

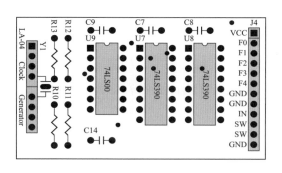

LA−04 的功能：
(1) 石英晶體可更換。目前為 10M 石英晶體。
(2) 有 10M，1M，100K，10K，1K 五種方波。
(3) 預留 SW 做信號輸出控制。

圖 1-4　LA-04 零件配置圖

5. LA-05 七線段顯示器

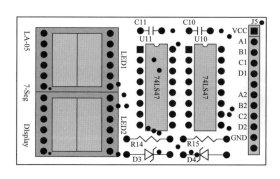

LA−05 的功能：
(1) 兩組共陽極七線段顯示器。
(2) 不加輸入信號時完全不亮以省電。

圖 1-5　LA-05 零件配置圖

6. LA-06 二進制計數器

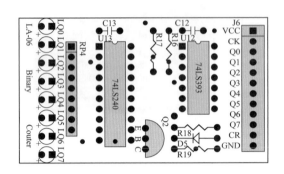
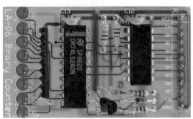

LA-06 的功能：
(1) 擁有 8 位元之二進制計數器。
(2) 8 個 LED 顯示 $Q_0 \sim Q_7$ 的計數狀態。
(3) 預留清除腳供您使用。

圖 1-6　LA-06 零件配置圖

1-4　數位實驗模板的使用方法

　　每一塊數位實驗模板都有 12 支排針，每塊板子的最旁邊兩支排針都是 V_{CC} 和 GND。分別代表 5 伏特和接地，當您要用的時候，就把它插到麵包板上，如圖 1-7 所示。然後用一小段單芯線，把 V_{CC} 和 GND 接到麵包板上有 V_{CC} 和 GND 的地方。您就可以使用這些實驗模板去做各種實驗。

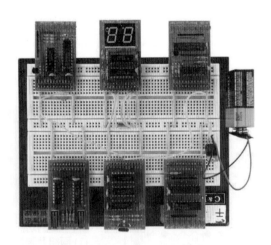

圖 1-7　實驗模板插在麵包板上的情形

＊只要把實驗模板當做是工具，不必在乎電路懂不懂。"懂不懂"是上完這門課以後才知道的事

1-4-1　LA-01 邏輯狀態指示器，如何使用？

LA-01 的主要功用是當做 8 位元的邏輯狀態指示器，待測信號只要加到$D_0 \sim D_7$就可以。待測信號是邏輯 1 的時候，LED 就會亮。當 EN 被接地(EN = 0)的時候，$D_0 \sim D_7$的輸入狀態將無法在 LD0～LD7 顯示出來。即 EN = 0的時候，LD0～LD7 的顯示狀態不變。D_N代表$D_0 \sim D_7$，EN 不接表示 EN = 1。

EN = 0	$D_0 \sim D_7$不管是什麼，LD0～LD7 都不改變其亮法。
EN = 1	$D_N = 0$時，LDN 不亮，例如：若$D_3 = 0$，則 LD3 不亮。
EN = 1	$D_N = 1$時，LDN 不亮，例如：若$D_6 = 1$，則 LD6 不亮。

輸入$(D_0，D_2，D_4，D_6) = (1，1，1，1)$，則 LED：LD0、LD2、LD4、LD6 會亮起來。

輸入$(D_1，D_3，D_5，D_7) = (0，0，0，0)$，則 LED：LD1、LD3、LD5、LD7 都不會亮。

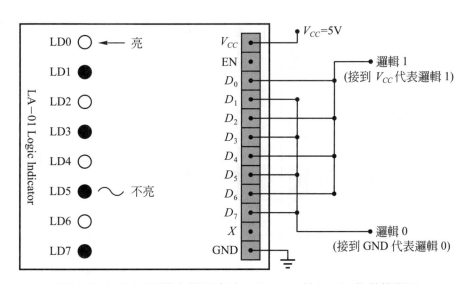

圖 1-8(a)　LA-01 基本使用方法：$E_N = 1$，依$D_0 \sim D_7$的狀態顯示

EN＝0，是輸入禁能(D_0～D_7)怎麼改變都沒有用，LED 的亮法都不會改變。

相當於 LA-01 提供了 8 個指示燈給您使用，邏輯 1 以亮燈代表，邏輯 0 則 LED 不亮。圖 1-8(b)EN＝0，(D_1～D_4)＝1，(D_5～D_7)＝0，而 LED 的亮法並沒有改變，和圖 1-8(a)相同的亮法。即 EN＝0 時，乃記住 EN＝1 時，(D_0～D_7)最後的狀態。

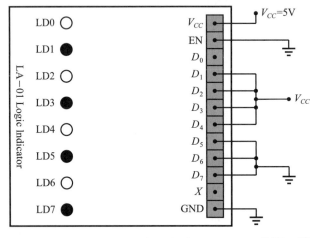

圖 1-8(b)　LA-01 基本使用方法：EN＝0，狀態不變

1-4-2　LA-02 單一脈波產生器，怎麼使用？

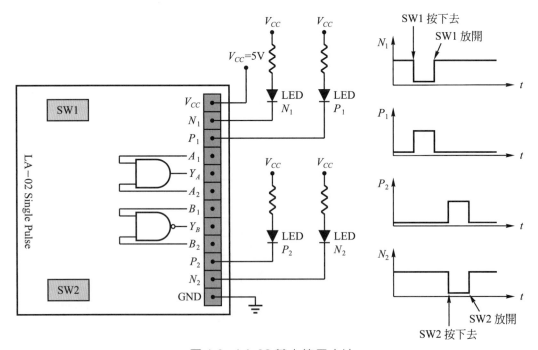

圖 1-9　LA-02 基本使用方法

SW1 和 SW2 分別是兩個單一脈波產生器的控制開關,每按一次開關就會產生一個脈波。P_1 和 P_2 產生正脈波,N_1 和 N_2 產生負脈波。茲分析其動作如下:

1. 在沒有按開關時:

$$N_1 = H , \text{LED } N_1 \text{ OFF} , P_1 = L , \text{LED } P_1 \text{ ON}$$
$$N_2 = H , \text{LED } N_2 \text{ OFF} , P_2 = L , \text{LED } P_2 \text{ ON}$$

2. 按下去的時候:

$$N_1 = L , \text{LED } N_1 \text{ ON} , P_1 = H , \text{LED } P_1 \text{ OFF}$$
$$N_2 = L , \text{LED } N_2 \text{ ON} , P_2 = H , \text{LED } P_2 \text{ OFF}$$

3. 手放開以後:

$$N_1 = H , \text{LED } N_1 \text{ OFF} , P_1 = L , \text{LED } P_1 \text{ ON}$$
$$N_2 = H , \text{LED } N_2 \text{ OFF} , P_2 = L , \text{LED } P_2 \text{ ON}$$

上述的分析,您將清楚地看到,每按一次開關,就能產生一次變化。對 N_1,N_2 而言,由 $H \rightarrow L \rightarrow H$,即 N_1、N_2 產生一個負脈波;而 P_1、P_2 則是 $L \rightarrow H \rightarrow L$,因而產生正脈波。

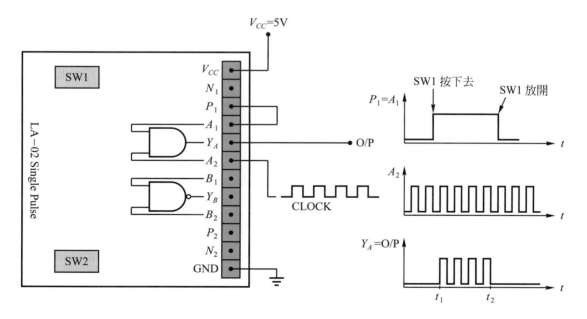

圖 1-10　AND 閘的使用及波形分析

當您想做一個電子碼錶的時候，您必須有計時脈波(CLOCK)和脈波計數器(COUNTER)，還要有兩個開關，一個控制CLOCK，一個做清除。此時，我們就能以LA-02來擔任這些工作。請參閱圖 1-11 和圖 1-12 的說明。

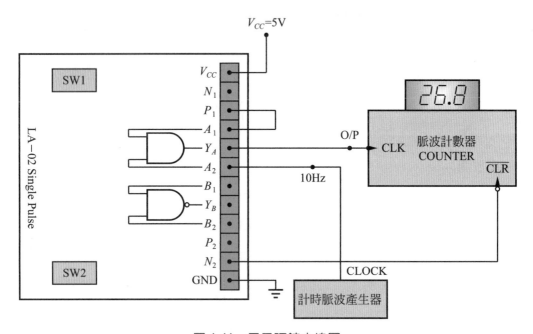

圖 1-11　電子碼錶方塊圖

1. t_o時：(做清除計數器為 000 的動作)

　　t_o時按下 SW2 於N_2產生一個負脈波加到計數器(COUNTER)，使得計數值為 *000*。表示要從 000 開始算起。

2. t_1時：(下達預備─開始的命令)

　　t_1時按下SW1 且壓著不放，則$P_1 = A_1 = 1$，$Y_A = O/P = $CLOCK$ = 10$Hz，表示從$t_1$開始，計數器(COUNTER)接收到 10Hz 的時脈，且一直在計算 10Hz 的脈波有多少個？

3. t_2時：(進入終點，停止計數)

　　t_2時把SW1 鬆開，則$P_1 = A_1 = 0$，$Y_A = O/P = 0$表示到t_2時，將不會再有 10Hz 的脈波進入計數器中，則停止計數。

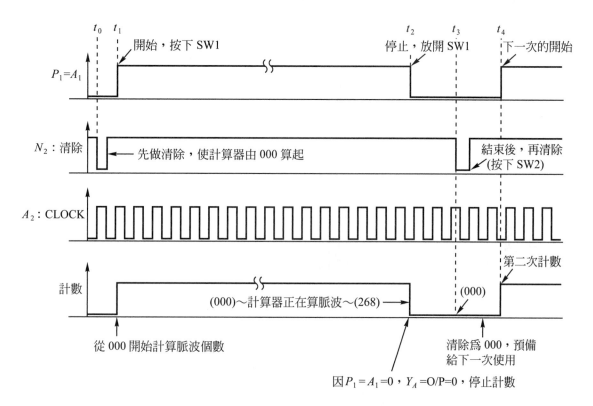

圖 1-12　多功能解說與波形分析

若$t_1 \sim t_2$之間一共算到 268 個脈波。則該段時間為：

$$268 \times (10\text{Hz 脈波的週期}) = 268 \times \frac{1}{10}\text{秒} = 26.8\text{秒}$$

4. t_3時：(再次清除計數器為 000，預備下一次的開始)

   t_3時，按一次 SW2，則N_2將產生一個負脈波把計數器清除為 000，所以在 $t_2 \sim t_3$之間，會一直顯示 26.8 秒。t_3之後就變作 0 秒開始。

5. t_4時：(下一次的開始，和t_1是一樣的)

　　從上面的分析，您已知道 LA-02 除了有兩組單一脈波產生器$(P_1，N_1)$、$(P_2，N_2)$ 以外，它還預留了一個 AND 閘和一個 NAND 閘供您使用，請勿遺忘這兩個小小邏輯 閘的存在，常常是小兵立大功哦。

1-4-3　LA-03 十進制計數器，怎麼使用？

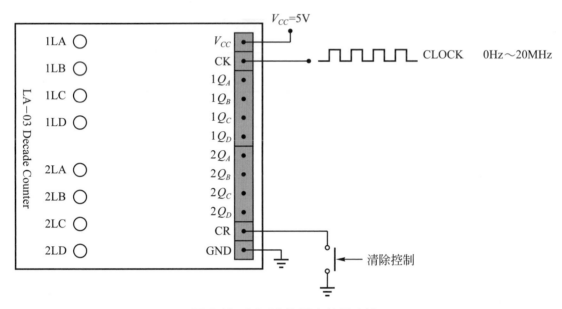

圖 1-13　LA-03 的基本使用方法

　　這是一片內含兩個十進制計數器的電路，只要在CK腳加入CLOCK(或單一脈波)，它就能計算輸入的脈波有多少個？並由(1LD，1LC，1LB，1LA)、(2LD，2LC，2LB，2LA)兩組 LED 顯示 0~99 的脈波數。

　　其中CR腳是清除控制，只要在CR腳加一瞬間的邏輯 0，所有計數值被清除為 0，即 $(1Q_D，1Q_C，1Q_B，1Q_A) = (2Q_D，2Q_C，2Q_B，2Q_A) = 0000$，我們將以一個簡單的實驗來說明 LA-03 的使用情形。

　　我們使用 LA-02 單一脈波產生器的輸出N_1和N_2(也可以用P_2)。分別當做 LA-03 的 CR(清除信號)和 CK(CLOCK 信號)。請參閱圖 1-14，茲分析其動作如下：

1. t_0時：(做清除的動作)

　　t_0時按一次SW1，則於N_1上產生一個負脈波，加到 LA-03 的 CR，使得CR = 0，表示要把 LA-03 的所有輸出清除為 0。即$(2Q_D，2Q_C，2Q_B，2Q_A) = (1Q_D，1Q_C，1Q_B，1Q_A) = 000$。所以有關 LA-03 的功能表，將如下所示。

CR = 1	CR 腳不接任何信號時，CR = 1，可以正常計數
CR = 0	當 CR 腳加邏輯 0 時，CR = 0，清除$Q_DQ_CQ_BQ_A = 0000$

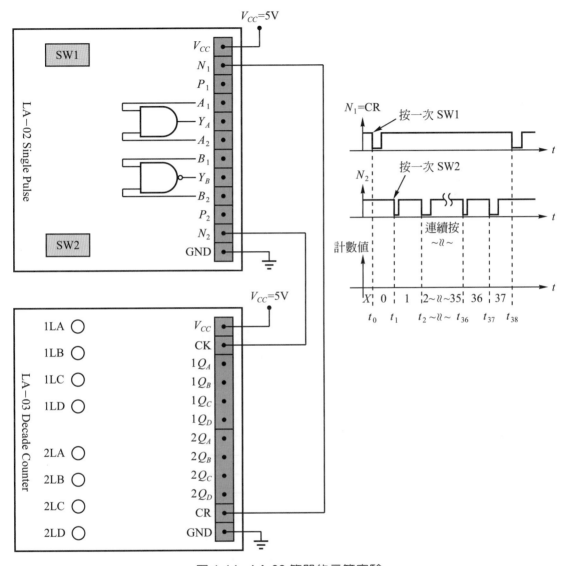

圖 1-14　LA-03 簡單的示範實驗

2. t_1時：(開始第一次計數)(按一次 SW2)

　　計數值從 0 開始，當第一個脈波進來以後，計數值變成$(01)_{10}$，$(2Q_D，2Q_C，$
$2Q_B，2Q_A)=(0000)$、$(1Q_D，1Q_C，1Q_B，1Q_A)=(0001)$。表示十位數為$(0)_{10}$個位數
為$(1)_{10}$。只有 1LA 的 LED 會亮。

3. t_2時：(第二次計數)

$(2Q_D，2Q_C，2Q_B，2Q_A)=(0000)、(1Q_D，1Q_C，1Q_B，1Q_A)=(0010)$。表示其值為$(02)_{10}$。則只有 1LB 的 LED 會亮。

4. t_{36}時：(此時接收第 36 個脈波)

$(2Q_D，2Q_C，2Q_B，2Q_A)=(0011)、(1Q_D，1Q_C，1Q_B，1Q_A)=(0110)$，表示其值為$(36)_{10}$，LED 將亮出⊗⊗⊙⊙　⊗⊙⊙⊗ (⊗不亮，⊙亮)。

5. t_{37}時：(第 37 個脈波計數)

$(2Q_D，2Q_C，2Q_B，2Q_A)=(0011)、(1Q_D，1Q_C，1Q_B，1Q_A)=(0111)$。其值為$(37)_{10}$。LED 亮法為⊗⊗⊙⊙　⊗⊙⊙⊙表示$(37)_{10}$。

6. t_{38}時：(再次清除為$(00)_{10}$)

t_{38}時，SW1 又被按下去，則$N_1=0$，將把LA-03的輸出十位$(2Q_D，2Q_C，2Q_B，2Q_A)$和個位$(1Q_D，1Q_C，1Q_B，1Q_A)$清除為 0000。

◼ 1-4-4　LA-04 時脈產生器，怎麼使用？

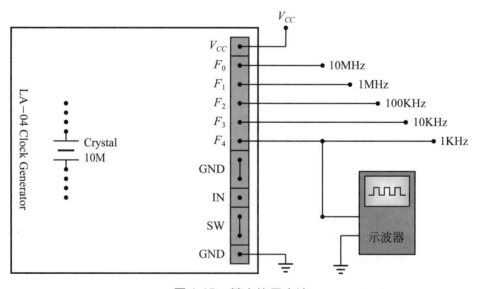

圖 1-15　基本使用方法

若您所插的 Crystal(石英晶體)為 10MHz，LA-04 的輸出F_0、F_1、F_2、F_3、F_4，將得到 10M、1M、100k、10k、1kHz 五種頻率的方波。所以我們可以把LA-04看成

是有五種頻率的方波信號產生器，讓您在家中也有信號產生器可以用。

　　LA-04同時預留了外加輸入接腳IN。當 SW 接邏輯 0 的時候，$(SW=0)$，可以在 IN 腳輸入脈波，則 LA-04 將變成連續除$(10)_{10}$的方波產生電路。

輸入$IN = 50kHz$

$F_0 = 50kHz$，$F_1 = 5kHz$，$F_2 = 500Hz$，$F_3 = 50Hz$，$F_4 = 5Hz$

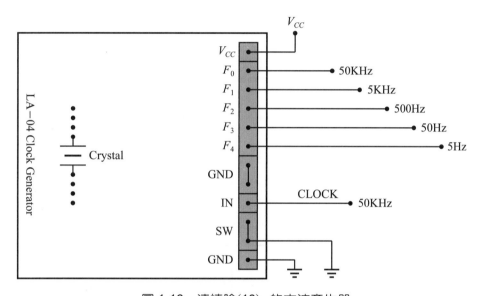

圖 1-16　連續除$(10)_{10}$的方波產生器

　　也就是說在$(SW=0)$的時候，不用LA-04本身的振盪信號，而是使用外加的CLOCK，並把外加的 CLOCK 連續除$(10)_{10}$。

1-4-5　LA-05 七段顯示器，怎麼使用？

我們使用 74LS47 配合共陽七段顯示器，故其顯示情形為：

0	1	2	3	4	5	6	7	8	9	A	B	C	D	E	F
0	1	2	3	4	5	6	7	8	9	C	J	u	c	c	t

　　當輸入有空接的情況發生時，該空接腳被看成是邏輯 1，所以當D_1空接(不接任何信號時)，$D_1 = 1$、$C_1 B_1 A_1 = 001$，則組成$1001 = (9)_{10}$，所以顯示值為$(19)_{10}$。請試著以實驗回答下列問題，如果顯示值為$3C$，則$D_2 C_2 B_2 A_2 = \underline{\qquad}$，$D_1 C_1 B_1 A_1 = \underline{\qquad}$。

如果顯示值為 28，則$D_2C_2B_2A_2 =$ _____，$D_1C_1B_1A_1 =$ _____。

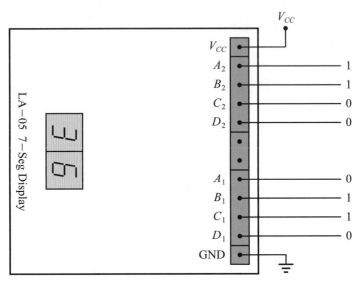

圖 1-17　LA-05 基本使用方法

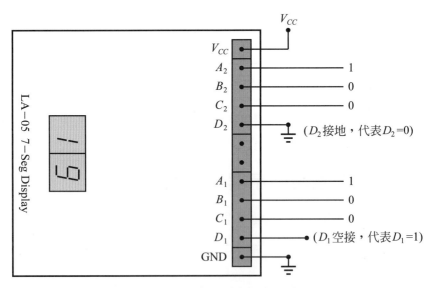

圖 1-18　輸入有空接的情形

1-4-6　LA-06　8 位元二進制計數器，怎麼使用？

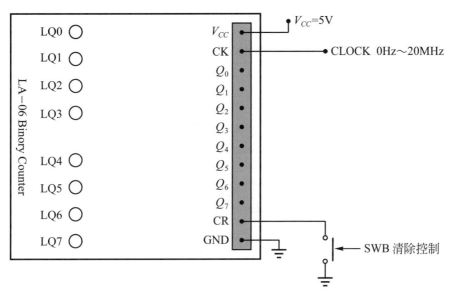

圖 1-19　LA-06 基本使用方法

　　這是一個 8 位元二進制計數器的電路，只要在 CK 腳加入 CLOCK(或一脈波)，它就能計算輸入的脈波有多少個？並且由 LQ7～LQ0 以二進制顯示脈波有多少個？

　　其中 CR 腳是清除控制，當 CR ＝ 0 時(按一下 SWB)，將把計數值清除為 0。使 $Q_7 \sim Q_0$ 都變成邏輯 0。其功能如下：

CR ＝ 1	CR 腳不接任何信號時，CR＝1，可以正常計數。
CR ＝ 0	當 CR 腳加邏輯 0 時，CR＝0，清除 $Q_7 \sim Q_0$ 為 0。

　　事實上 LA-06 二進制計數器和 LA-03 十進制計數器都是屬於後緣觸發的計數器。目前 LA-06 因是二進制計數，所以其輸出 $Q_7 \sim Q_0$ 將由 0000000、00000001～11111110、11111111。即可計數 $(00)_{10} \sim (255)_{10}$。

　　如果您想做一個邏輯閘的真值表的實驗，則您必須一腳一腳地去改變輸入狀況，才能完成這個實驗，但您若用 LA-02 單一脈波產生器和 LA-06 二進制計數器，將使得整個實驗變成非常方便。

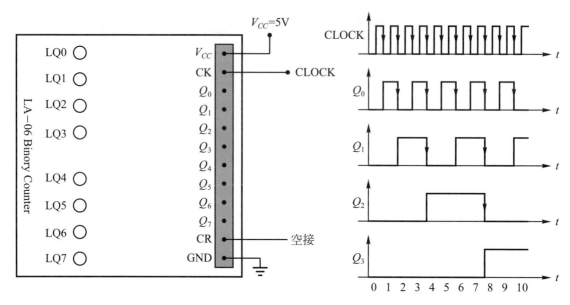

圖 1-20　LA-06 的波形分析

方法一：輸入一腳一腳地改變，從 000～111 共做八次不同的接線。

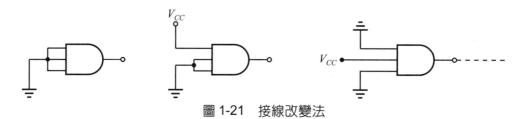

圖 1-21　接線改變法

方法二：用指撥開關(DIP SW)，一個數值，一個數值逐一設定 0～7。

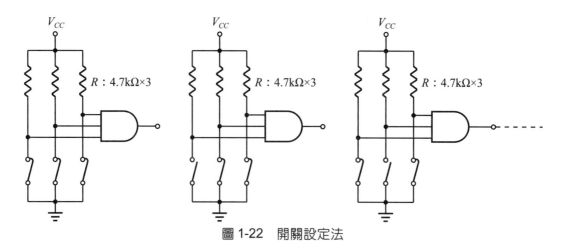

圖 1-22　開關設定法

方法三：

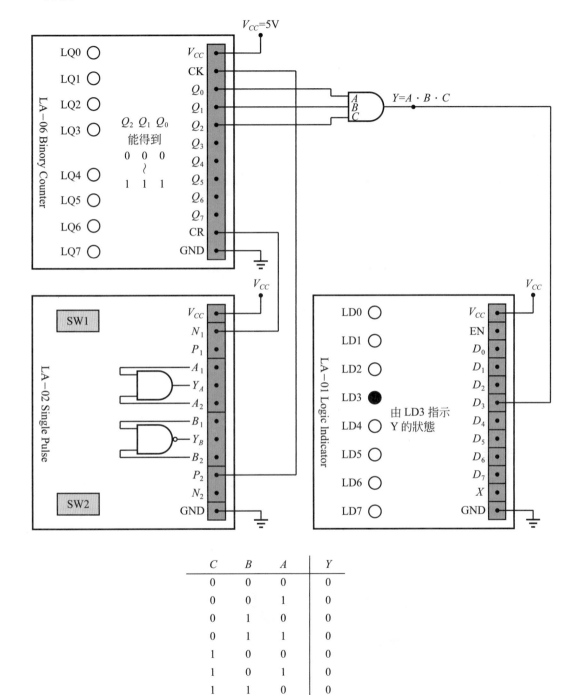

C	B	A	Y
0	0	0	0
0	0	1	0
0	1	0	0
0	1	1	0
1	0	0	0
1	0	1	0
1	1	0	0
1	1	1	1 (LD3 亮起來)

圖 1-23　快速實驗法

1. 按下SW1，使$N_1 = 0$，而$CR = N_1 = 0$，將把LA-06清除，使得$Q_7 \sim Q_0 = (00000000)$。當然$Q_2Q_1Q_0 = 000$。

2. 由LA-01的D_3觀看 Y 的情形，將由 LD3 指示 Y 的狀態。

3. 按一下SW2，再按一下SW2，再按………。將使$Q_2Q_1Q_0$由 000 變到 111。且當$Q_2Q_1Q_0 = 111$時$Y = 1$，LD3 亮起來。

4. 已經達到按開關，同時看到實驗結果的目的了。

1-5　數位實驗模板組裝技術

以手工組裝及焊接電子線路板時應該注意如下事項：

1. **PCB 與零件乾不乾淨**

   PCB(印刷電路板)及零件接腳是否有氧化腐蝕的現象。若有氧化可用酒精清洗一下，或用細砂紙輕磨兩下。

2. **插件是否正確**

   (1) 電容的極性

   (2) 二極體，LED 的極性

   (3) IC 的第一腳在那裡

   (4) 電晶體 E、B、C 三支腳是否正確

3. **先焊低矮的零件**

   (1) 較低較矮的零件先插好，然後於零件面上放一塊軟質墊把所有零件壓住(才不會掉出來)，然後再一起翻面放於桌面上。

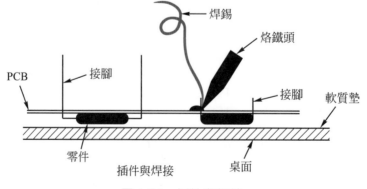

圖 1-24　插件與焊接

(2)　烙鐵頭與焊接的 PCB 儘量靠近，同時加入焊錫，待焊錫熔入焊點片刻，再移
開烙鐵頭。此時焊點應該平滑下垂，而非圓點或尖狀點。

圖 1-25

4.　IC 接腳之滑焊

(1)　首先壓緊 PCB 讓 IC 接腳全部浮出焊接面(即 IC 與零件面儘量貼平)。然後以
沾錫的烙鐵頭，把 IC 對角線的兩支接腳先固定。

(2)　然後烙鐵頭從最上面往下滑動，同時一面加錫，則上一焊點多餘的焊錫會流向
下一個焊點，並繼續加錫，如此一點一點順著IC接腳往下滑。當能把IC焊得
牢也焊得美。而最後一支腳一定剩下較多(一堆)的錫，再以烙鐵頭沾走。

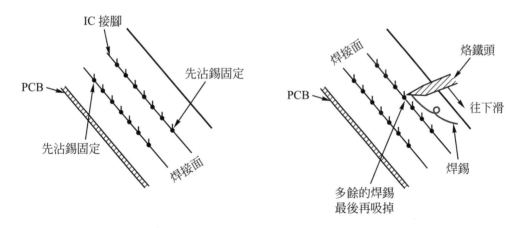

圖 1-26

5.　剪腳要確實

接腳剪平不要留太長，否則會相互短路，若焊點太大不要硬剪，應重新加錫
再焊開，並把多餘的錫沾掉。

6. **若有零件沒有貼平時**

> 應把該零件的接腳來回加熱，使各腳的錫都溶化，再把零件壓緊，並重焊，且把多餘的接腳再剪掉。

7. **零件焊錯，怎麼拔？**

(1) 一般電阻，可於零件面，先把電阻剪掉，然後於其接點處加熱，並把 PCB 拿取，迅速往桌面敲一下，則剩餘的部分大都會自動掉下。

(2) 可以剪掉的零件均可用上述方法為之。

(3) 當無計可投機時，只能依正規手段為之，用吸錫工具把各焊點的錫先溶化再一點一點吸乾淨，以拔除該元件。

8. **焊錫把洞塞住了，怎麼辦？**

(1) 正規處理：吸錫工具吸吧！

(2) 投機操作：

　① 塞住的焊點加熱使錫溶化，拿起 PCB，敲它一下，則洞可通。

　② 塞住的焊點加熱，使錫溶化，用一支牙籤鑽它一下，洞亦可通(牙籤不沾錫)

9. **烙鐵頭要清潔**

> 您的烙鐵頭無法沾住錫的時候(黑黑的一層，焊錫沾不上去)，千萬不要再用了。趕快處理一下。

(1) 在濕的茱瓜布(耐溫棉)上磨擦，並拿起加錫，往復數次直到焊錫能沾在烙鐵頭為止。

(2) 若上述方法無效。把烙鐵頭用砂紙或銼刀磨一磨，並拿起加錫，一般都會有效。並記得焊接的時候，必須以有沾錫的那一面去做焊接。

(3) 拿去材料店，換一支比較好的烙鐵頭，而不是要您整支丟掉重買。記得此頭不好，換個頭就好了。

10. **原理的了解，是維修的捷徑**

(1) 恭祝您依上述方法施工，且全部正常 OK。

(2) 若有故障或其它疑難雜症，請往下看，找一些偏方說不定有效。

(3) 並不難，只要看一、二則，其它如法泡製，您也會的。

1-6　LA-01~LA-06 各模板組裝技巧

1-6-1　LA-01 八位元邏輯指示器組裝技巧

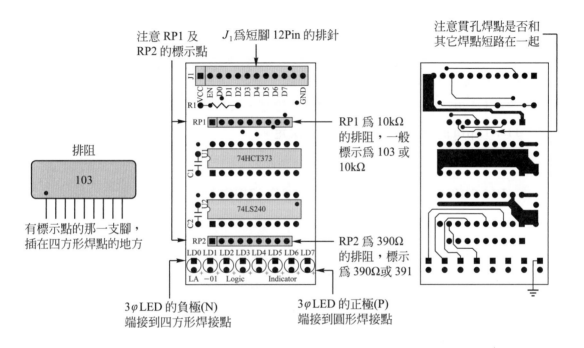

圖 1-27　LA-01 組裝說明

LA-01 零件表：

1. U1：74HC373 或 74HCT373 避免使用 74LS373，若使用 74LS373 的時候，請把 RP1 改成 1kΩ的排阻。為了使 LA-01 有較高的輸入阻抗，所以我們使用 74HCT373 系列的 IC。

2. U2：74LS240 或 74HCT240 它只是一個 8 位元的反相器，詳細動作請參閱後續章節的線路分析。

3. RP1：10kΩ排阻，只要您告訴零件店說您要 9P，10kΩ的排阻，他就知道您是行家。它是由八個電阻組裝而成，其中一支腳為共用腳，故有 9 支接腳，簡稱為 9P。且每一個排阻的共用腳都會有一個標示點，該標示點可能為四方形，也可能是圓形，千萬不要插錯方向，或插錯 390Ω的 RP2。

4. RP2：390Ω排阻，也是9P。注意事項和RP1相同，不要插成10kΩ的RP1。

5. R1：$10k\Omega \frac{1}{4}W$的色碼電阻。

6. C1，C2：0.01μF～0.1μF的積層電容。若您不曉得什麼是積層電容，只要看一下電腦主機板或介面卡，每一顆IC旁邊都有一個小小的零件，只有兩支腳，看起來扁扁的，那就是積層電容，其目的在減少高頻之干擾。

7. LD0～LD7：小LED，但多小呢？這些LED都是直徑3mm，一般我們都直接叫它為3φ的LED。要用什麼顏色，您高興就好。但正、負極性可不要接反，請注意LA-01的組裝說明。一般LED接腳，較長的那一支腳為P極(正極)。

8. J1：12pin的排針，高度您可自己決定。

LA-01 零件表

U1：74HC373，74HCT373	U2：74HCT240，74LS240
RP1：9P，10kΩ排阻	RP2：9P，390Ω排阻
C1：0.01μF～0.1μF	C2：0.01μF～0.1μF
LD0～LD7：3φLED 共8個	J1：12pin 排針
	R1：$10k\Omega$，$\frac{1}{4}W$

＊所有IC都可以先焊IC腳座，若有信心不會燒掉，則腳座可以不焊。

1-6-2　LA-02 單一脈波產生器組裝技巧

請勿忘了，此地有
兩個閘可以使用

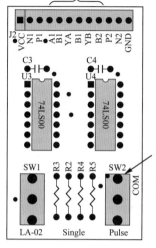

注意一下所用的微動開關
，COM(共用端)是否在最
旁邊，不能使用 COM 點
在中央的微動開關

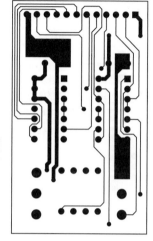

1. 注意焊點是否有短
   路現象，必須排除
2. 若有焊錯零件，請
   用吸錫器一點一點
   耐心的處理，以免
   傷了 PCB 的銅箔。

圖 1-28　LA-02 組裝說明

　　焊接的時候，請依上述所讀過的小技巧施工，您將發現，您所焊的板子，也是屬於
專業級的水準。

LA-02 零件表

U3：74LS00	U4：74LS00
C3：0.01μF～0.1μF 積層電容	C4：0.01μF～0.1μF 積層電容
R2：3kΩ～10kΩ	R3：3kΩ～10kΩ
R4：3kΩ～10kΩ	R5：3kΩ～10kΩ
SW1：小型微動開關	SW2：小型微動開關
J1：12pin 排針	

1-6-3 LA-03 十進制計數器組裝技巧

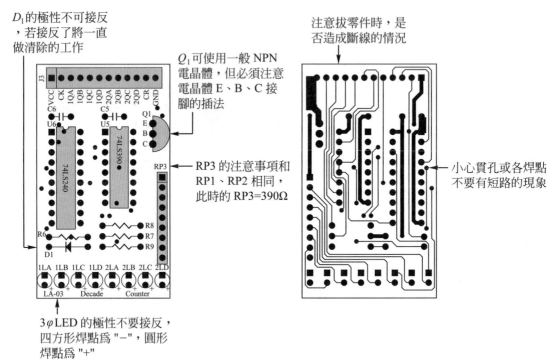

D_1的極性不可接反，若接反了將一直做清除的工作

Q_1可使用一般 NPN 電晶體，但必須注意電晶體 E、B、C 接腳的插法

RP3 的注意事項和 RP1、RP2 相同，此時的 RP3=390Ω

注意拔零件時，是否造成斷線的情況

小心貫孔或各焊點不要有短路的現象

3φ LED 的極性不要接反，四方形焊點為 "−"，圓形焊點為 "+"

圖 1-29 LA-03 組裝說明

LA-03 是一片可以計數 0～99 的十進制計數器。於後續線路分析中，我們有詳細的說明，目前只要注意Q_1的接腳 E、C、B 及D_1和 LED 不要接錯，那您一定能完成該作品。

LA-03 零件表

U5：74LS390	U6：74LS240
Q1：一般 NPN 電晶體均可	D1：IN4148 或其它二極體均可
C5：0.01μF～0.1μF	C6：0.01μF～0.1μF
R6：3kΩ～10kΩ	R7：3kΩ～10kΩ
R8：10kΩ～30kΩ	R9：10kΩ～30kΩ
1LA～2LD：3φLED 共 8 個	J3：12pin 排針
	RP3：排阻 3P，390Ω

1-6-4　LA-04 時脈產生器組裝技巧

LA-04 零件表

U7：74LS390	U8：74LS390
U9：74LS00	⊣├ ：石英晶體 100k～20M 均可
C7：0.01μF～0.1μF	C8：0.01μF～0.1μF
C9：0.01μF～0.1μF	C14：0.001μF～0.01μF
R10：680Ω～1kΩ	R11：680Ω～1kΩ
R12：3kΩ～10kΩ	R13：3kΩ～10kΩ
J4：12pin 排針	

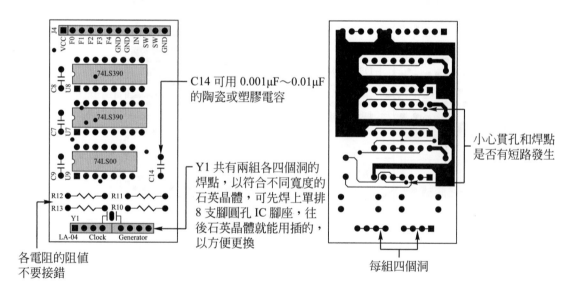

C14 可用 0.001μF～0.01μF
的陶瓷或塑膠電容

Y1 共有兩組各四個洞的
焊點，以符合不同寬度的
石英晶體，可先焊上單排
8 支腳圓孔 IC 腳座，往
後石英晶體就能用插的，
以方便更換

各電阻的阻值
不要接錯

小心貫孔和焊點
是否有短路發生

每組四個洞

圖 1-30　LA-04 組裝說明

1-6-5 LA-05 七段顯示器組裝技巧

LA-05 零件表

U10：74LS47	U11：74LS47
LED1：共陽七段顯示器	LED2：共陽七段顯示器
D3：2.1V〜2.7V 齊納二極體	D4：2.1V〜2.7V 齊納二極體
C10：0.01μF〜0.1μF	C11：0.01μF〜0.1μF
R14：330Ω〜1kΩ	R15：330Ω〜1kΩ
J5：12pin 排針	

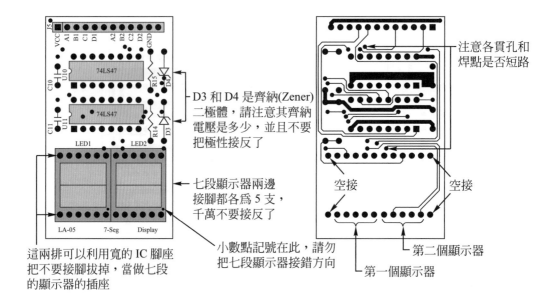

圖 1-31　LA-05 組裝說明

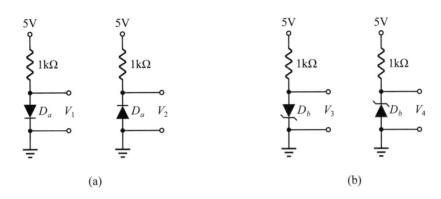

(a)　　　　　　　　　　　　(b)

圖 1-31　LA-05 組裝說明(續)

　　用 1kΩ 串接二極體，若量測的電壓 $V_1 \approx 0.7V \sim 1V$，$V_2 \approx 5V$，則 D_a 為一般二極體，若量到的電壓 $V_3 \approx 0.7V \sim 1V$，$V_4 \approx 2.1V \sim 2.7V$，則 D_b 為稽納二極體，LA-05 的 D_3 和 D_4 是稽納二極體，請勿用錯。LA-03 和 LA-06 各有用到一顆一般二極體(1N4148)。

1-6-6　LA-06 二進制計數器組裝技巧

LA-06 零件表

U12：74LS393	U13：74LS240
D5：IN4148 或一般二極體	RP4：9P，390Ω排阻
C12：0.01μF～0.1μF	C13：0.01μF～0.1μF
R16：3kΩ～10kΩ	R17：3kΩ～10kΩ
R18：10kΩ～30kΩ	R19：10kΩ～30kΩ
LQ0～LQ7：3φLED 共 8 個	J6：12pin 排針
Q1：一般 NPN 電晶體均可	

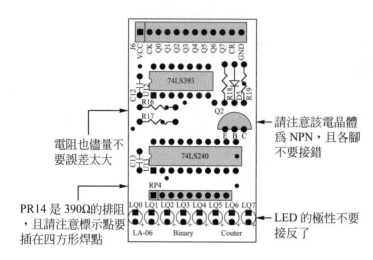
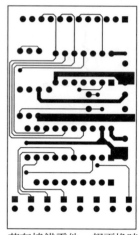

電阻也儘量不
要誤差太大

請注意該電晶體
為 NPN，且各腳
不要接錯

PR14 是 390Ω的排阻
，且請注意標示點要
插在四方形焊點

LED 的極性不要
接反了

若有接錯零件，想更換時
，請逐點以吸錫器拆除，
不要硬拔

圖 1-32　LA-06 組裝說明

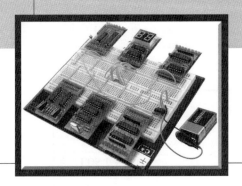

Chapter **2**

數位實驗參考接線

2-1 邏輯閘真值表的實驗

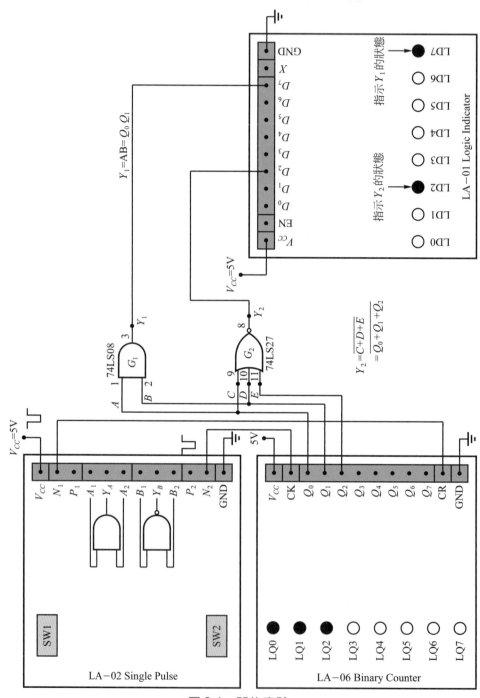

圖 2-1 閘的實驗

說明：

1. 按 SW1 由 N_1 產生一個負脈波加到 LA-06 的 CR，使 $Q_7 \sim Q_0$ 都為 0。相當於把二進制計數器清除為 0。

2. 按 SW2 由 N_2 產生一個負脈波加到 LA-06 的 CK，將開始計數。若繼續按 SW2，則 $Q_2 Q_1 Q_0$ 將由 000，001，010，……111，000……相繼產生 0～7 的變化。

3. LA-06 的 LQ2、LQ1、LQ0 三個 LED 分別代表 G_2 和 G_1 的輸入狀態。

4. LA-01 的 LD2 和 LD7 分別代表 G_2 和 G_1 的輸出狀態，Y_2 和 Y_1。

5. 插好實驗模板再接幾條線，接著就只剩下按開關，看結果並做記錄。

實驗記錄與討論

表 2-1

LQ1	LQ0	LD7	B	A	Y_1	LQ2	LQ1	LQ0	LD2	E	D	C	Y_2
暗	暗	暗	0	0	0	暗	暗	暗	亮	0	0	0	1

$$Y_1 = B \cdot A$$
$$= \text{AND}$$

$$Y_2 = \overline{E + D + C}$$
$$= \text{NOR}$$

　　當把接線接好以後，只要按 SW2 就能得到所有的狀態，再一一記錄於表格中，就能把所有閘的真值表在半個小時內全部做過。

討論：

1. 請用一句話代表 AND、NOR、NAND、NOT、XOR 的功能。

　　例如：AND 閘可以有兩種說法

　(1)　只要輸入有 0，輸出一定是 0。

　(2)　輸入全部為 1，輸出才為 1。

　　其它的邏輯閘，請您也用一句話表示它的功能，試試看您一定會的。

2-2 組合邏輯應用實驗——搶先電路

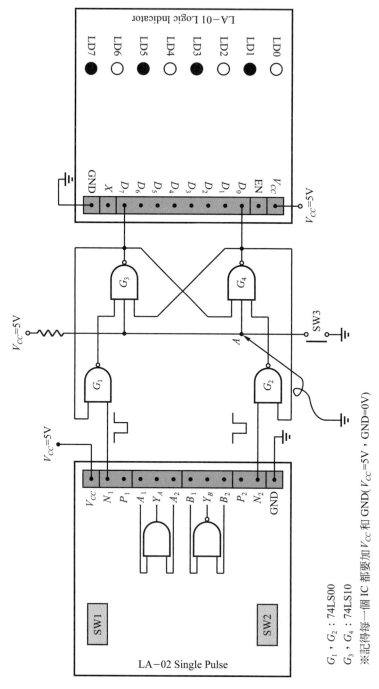

圖 2-2　閘的應用實驗(搶先電路之一)

說明：(圖 2-2)

1.　該電路之詳細說明，可參閱全華圖書 0204601 數位 IC 應用設計與實習(修訂版)－第四章"。

2.　目前 SW3 並不必真正的插在麵包板上，只要用一根單芯線一端接地，另一端碰一下 A 點，就代表 SW3 按了一次。

3.　當碰一下 SW3 以後，LD0 和 LD7 都亮起來。

4.　比賽開始，看SW1 和SW2 誰先被按下去？若SW1 先被按下去時，LD7 熄滅。

5.　再按 SW2 看看是否會改變狀態，若狀態不變，則表示真正達到搶答的目的了。

6.　用邏輯閘組成這種功能的電路不下千百種，於下面我們提供另外的組合供您參考。

7.　若您用的IC是74LS01 及 74LS12 時，要在輸出腳接一個 3kΩ～10kΩ的提升電阻，因 74LS01 和 74LS12 是集極開路型的 IC。

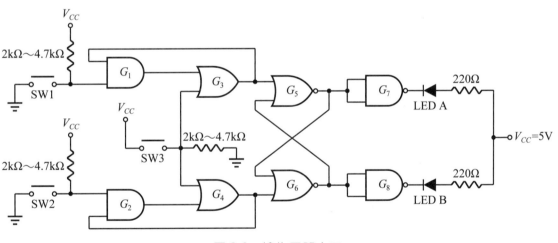

圖 2-3　搶先電路之二

問題：(圖 2-3)

1.　按一下 SW3 以後，LED A 和 LED B 各如何？

2.　若 SW1 先按下去，那一個 LED 會亮？

3.　說明較慢按下去的 SW2，為什麼無法改變最後的結果？

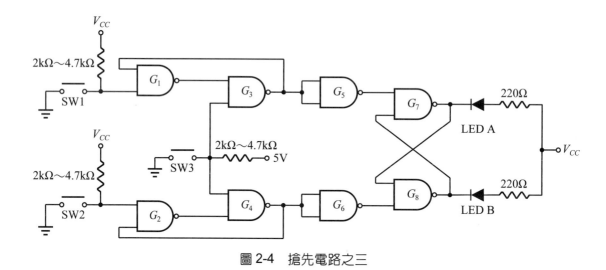

圖 2-4　搶先電路之三

問題：(圖 2-4)

1. 若把 SW1 和 SW2 當做防盜開關，LED A 和 LED B 改成警報器，它就是一組實用的防盜系統了。

2. 試著把 SW1 和 SW2 改用紅外線偵測開關，就成了值錢的系統了。相關資料可參閱全華 0295901 感測器應用與線路分析(修訂版)。

2-3　正反器的實驗

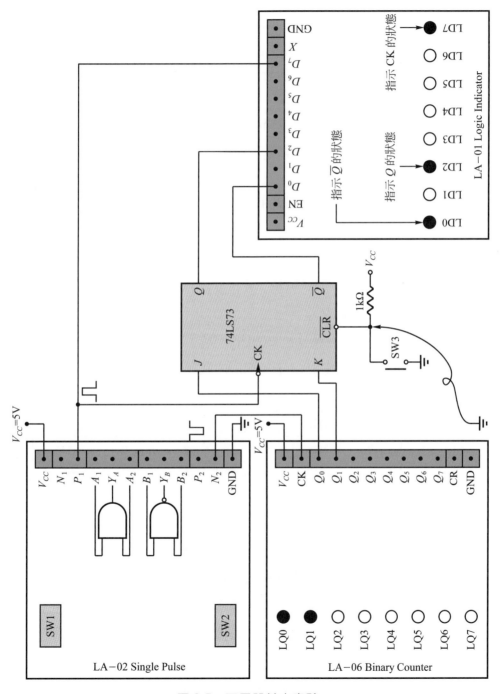

圖 2-5　正反器基本實驗

說明：(圖 2-5)

1. 這是一個後緣觸發型的正反器(如 74LS73)，當按 SW1 時，P_1 產生邏輯 1(因 LD7 會亮起來)，但 Q 和 $\overline{Q}$ 並沒改變，爲什麼？

2. SW1 被鬆開的時候，LD7 不亮，卻是 Q 和 $\overline{Q}$ 的狀態可能改變，這是因爲當 SW1 被鬆開的時候，P_1 得到一個負緣變化，因而有效地觸發 J-K 正反器，其輸出 Q 和 $\overline{Q}$ 將依不同的 J、K 而改變。

3. 按 SW2 將於 N_2 產生負脈波給 LA-06 二進制計數器當時脈(CLOCK)，所以 $Q_1 Q_0$ 會得到 00、01、10、11 四種變化，相當於 K 和 J 依序被加入的信號爲 00、01、10、11。

4. 按 SW3 使 J-K 正反器處於清除的狀態，則 $Q = 0$，$\overline{Q} = 1$，則 LD2 不亮 LD0 亮起來。

5. 按 SW2 使 $Q_0 Q_1 = 00$，相當於 $J = K = 0$，此時 LA-06 的 LQ0、LQ1 不亮。

6. 按一下 SW1，以提供一個時脈給 J-K 正反器的 CK，並觀察 Q 和 $\overline{Q}$ 的變化情形，再按一下，看結果如何？

7. 改變 $Q_0 Q_1$ 的狀態(即按 SW2)，使 $Q_0 Q_1 = 01$、10、11 ....，即 J 和 K 分別加 01、10、11 的時候，按 SW1 看 Q 和 $\overline{Q}$ 的狀態各如何？

表 2-2

	$\overline{CLR}$	CLK	J	K	Q	$\overline{Q}$
①	0	×	×	×	0	1
②	1	⌐⌐↓	0	0	?	?
③	1	⌐⌐↓	0	1	?	?
⋮	1	⌐⌐↓	1	0	?	?
⋮	1	⌐⌐↓	1	1	?	?

※×表示 0 或 1 都無所謂的意思。

8. 只要表中的 "？" 用實驗證明出結果，那學生一定會對正反器的動作印象深刻。

   (1) 把 $\overline{CLR}$ 接地，$\overline{CLR} = 0$ 的情況下，按 SW1，看看 Q 和 $\overline{Q}$ 的結果？

   (2) $\overline{CLR}$ 不要接地，$\overline{CLR} = 1$ 的情況下，並按 SW2，使 $Q_0 Q_1 = 01$，相當於 $J = 0$、$K = 1$，再按 SW1，看看 Q 和 $\overline{Q}$ 的結果？

   (3) 您應該知道怎麼做了吧！

2-4　D 型正反器之閂鎖現象之觀察

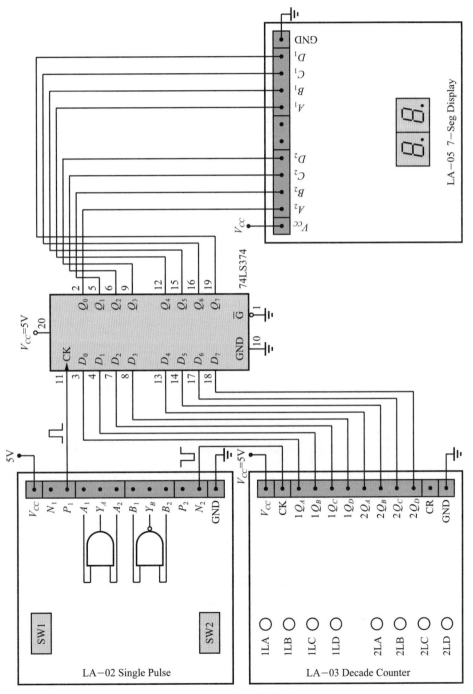

圖 2-6　閂鎖器的實驗

說明：(圖 2-6)

1. 對 8 位元 D 型閂鎖器 74LS374 而言，$\overline{G} = 0$ 時可以當閂鎖器使用，而何時進行鎖住輸入資料($D_7 \sim D_0$)，必須由 CK 來決定。

2. 按 SW2 將於 N_2 產生負脈波給 LA-03 當做時脈(CLOCK)，則 LA-03 將得到 00～99 的十進制數目。

3. 當 LA-03 的 2LD、2LC、2LB、2LA 和 1LD、1LC、1LB、1LA 分別亮成 ●●○○　●○○○(●不亮、○亮)時，其值為 37。

4. 此時按一下 SW1，P_1 得到一個正脈波加到 74LS374 的 CK 腳，同時 LA-05 應該顯示 ３７。

5. 表示 74LS374 當 CK 腳有前緣(___┌─)觸發的時候，會把擺在 $D_0 \sim D_7$ 的資料存到內部 8 個閂鎖器之中，並由 $Q_0 \sim Q_7$ 當做輸出。

6. 若繼續按 SW2，LA-03 的數目將由 37 變成 38、39、……99，但若不按 SW1(即 74LS374 沒有觸發信號時)，$Q_7 \sim Q_0$ 的資料不會被改變，而一直保持 ３７ 的顯示。

7. 若把第一腳($\overline{G}$)接到 V_{CC} 而不接地，使 $\overline{G} = 1$，請分析此時顯示什麼狀態？為什麼？

8. 這樣做一次實驗，那 74LS374 的真值表，就不必再解釋了。

表 2-3　74LS374 真值表

$\overline{G}$	CK	D	Q
0	┌─	1	1
0	┌─	0	0
0	0	x	不變
1	×	×	高阻抗

※×表示 0 或 1 都無所謂的意思。

※高阻抗表示斷路的情形，相當於在 74LS374 每一支輸出腳，都有串接一個看不到的開關，當 $\overline{G} = 1$ 的時候，所有開關都 OFF。

2-5　*J-K* 正反器之應用實驗──除頻與計數

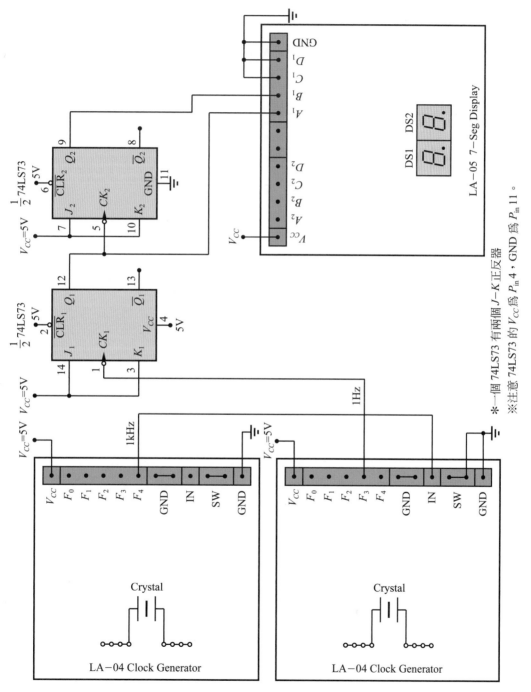

圖 2-7　除 2 再除 2

說明：(圖 2-7)

1. 用兩塊 LA-04 組成，1Hz 的方波輸出，並提供給 CK_1 當 CLOCK。

2. 因只有 Q_2、Q_1 兩位元，所以把 LA-05 的 D_1 和 C_1 接地，則所顯示的數目將是每秒變化一次由 0.1.2.3.0 …… 相繼依順序變化。

3. CK_1 原來加 1Hz，改加 10kHz，然後用示波器測量 CK_1、Q_1、Q_2，並繪出其波形，在同一個座標軸上。(那一支輸出腳為 10kHz 的方波？)

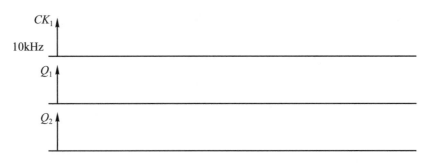

圖 2-8　用示波器量波形

4. 一個 J-K 正反器，當 $J = K = 1$ 時，是做什麼運算呢？

5. Q_1 和 Q_2 的頻率關係如何？

6. 當 $CK_1 = 10kHz$ 時，Q_1 和 Q_2 的頻率各是多少呢？

2-6 除 18 的電路

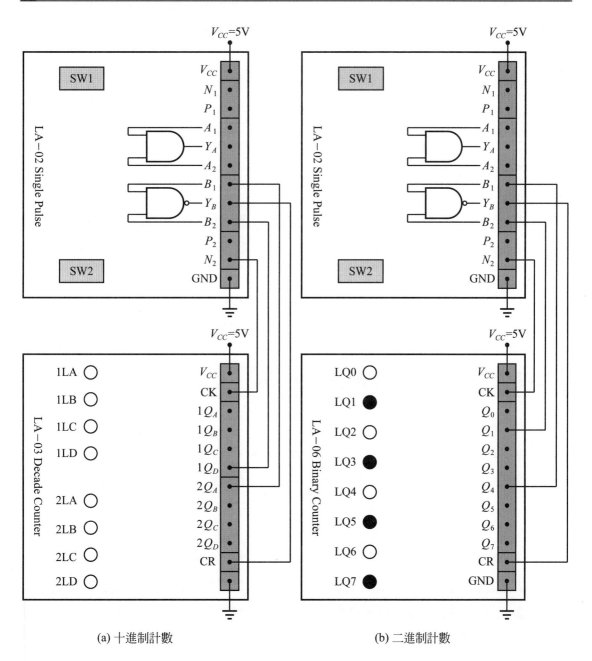

(a) 十進制計數　　　　　　　　　　(b) 二進制計數

圖 2-9　除 18 的實驗

說明：(圖 2-9)

1. 除 18 的電路，指的是 0～17，當計數值為 18 的那一瞬間馬上把計數器清除為 0，接著又是 1、2、3、……17、0、1、……這就是除 18 的電路。

2. 對圖(a)而言：

   LA-03 是 BCD 兩位數的十進制計數電路，當 $2Q_D$、$2Q_C$、$2Q_B$、$2Q_A$ 和 $1Q_D$、$1Q_C$、$1Q_B$、$1Q_A$ 分別為 0001 和 1000 時正好代表 18。所以我們把 $2Q_A$ 和 $1Q_D$ 做 NAND 的運算而得到邏輯 0。$\overline{B_1 \cdot B_2} = \overline{2Q_A \cdot 1Q_D} = Y_B = 0$ 將把 LA-03 計數值全部清除為 0。

3. 對圖（b）言而：

   因 LA-06 是二進制計數器，18 的二進碼為 00010010，相當於在 Q_1 和 Q_4 同時為 1 的時候(代表發生 18 的數值)，立即把 LA-06 的計數值清除為 0。$\overline{B_1 \cdot B_2} = \overline{Q_4 \cdot Q_1} = Y_B = 0$，即 LA-06 的 CR = 0。表示該瞬間要做清除，使得 Q_0～Q_7 都為 0。所以我們所能看到的數值為 00000000、00000001、……00010001、00000000、……即數值只有 0～17。故為除 18 的電路。

2-7　多種方波信號產生器

說明：(圖 2-10)

1. 雖然 LA-04 只提供 10M、1M、100k、10k、1kHz 的方波供您使用，但若配合其它模板例如 LA-06(二進制計數器)，一直在做除 2、再除 2、再除 2……。所以可以在 LA-06 的 Q_0 得到 500Hz……依此類推，$Q_1 = $ ＿＿＿＿＿＿＿ ，$Q_2 = $ ＿＿＿＿＿＿＿ ，$Q_3 = $ ＿＿＿＿＿＿＿ 。

2. 只要把 LA-04 中的 SW 接地，使 SW = 0，則該 LA-04 的石英晶體振盪器將無法把振盪信號(10MHz)往外送。此時(SW = 0的情況)LA-04 只當做一個純除法器，共除四級。所以當 IN 的輸入頻率為 1kHz 時，將另外得到 100Hz、10Hz、……。則 $f_4 = $ ＿＿＿＿＿＿＿ ，$f_5 = $ ＿＿＿＿＿＿＿ 。

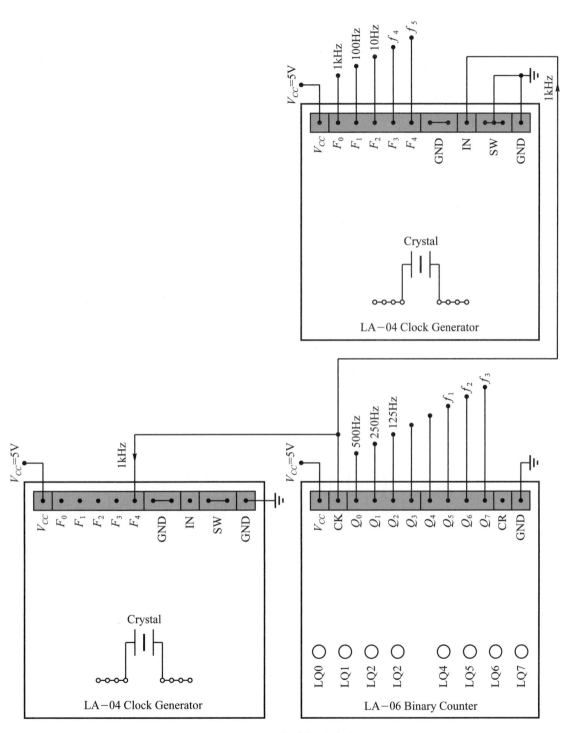

圖 2-10　多種方波信號產生器

2-8　計數器的使用(一)74LS90

　　從上述的資料我們必須教導的項目計有(1) 74LS90 是一個除 10 的計數器，只是它的結構為除 2 電路和除 5 電路所組成，所以想做除 10 的時候，必須先除 2 再除 5；(2)其功能表中$R_o(1)$、$R_o(2)$、$R_9(1)$、$R_9(2)$的使用方法必須交代清楚；(3)必須強調瞬間觸發的觀念。即 74LS90 是一個負緣觸發的計數 IC。

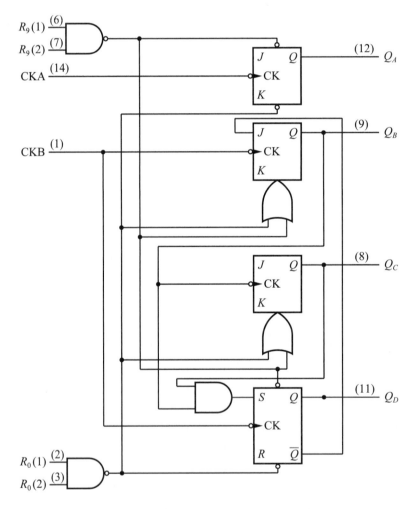

圖 2-11　74LS90 漣波計數器相關資料

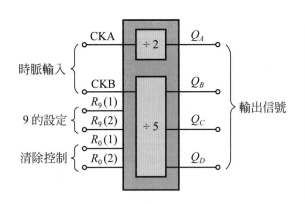

'90A，'L90，'LS90
RESET/COUNT FUNCTION TALE

RESET INPUIS				OUTPUT			
$R_0(1)$	$R_0(2)$	$R_9(1)$	$R_9(2)$	Q_A	Q_B	Q_C	Q_D
H	H	L	×	L	L	L	L
H	H	×	L	L	L	L	L
×	×	H	H	H	L	L	H
×	L	×	L	COUNT			
L	×	L	×	COUNT			
L	×	×	L	COUNT			
×	L	L	×	COUNT			

※ × 表示 H 或 L 都無所謂的意思

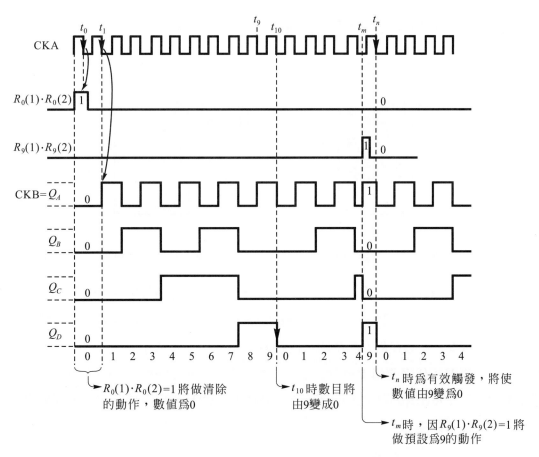

$R_0(1)\cdot R_0(2)=1$ 將做清除的動作，數值為0

t_{10} 時數目將由9變成0

t_n 時為有效觸發，將使數值由9變為0

t_m 時，因 $R_9(1)\cdot R_9(2)=1$ 將做預設為9的動作

圖 2-11　74LS90 連波計數器相關資料(續)

說明：(圖 2-11)

　　是以 74LS90 先除 2 再除 5 的波形分析。時脈由 CKA 輸入，並把 Q_A 接到 CKB。從圖中您可以很清楚地看到，不管在什麼時候，只要 $R_o(1) \cdot R_o(2) = 1$ ($R_o(1)$ 和 $R_o(2)$ 同時為 1)，輸出 $Q_D Q_C Q_B Q_A = 0000$，所以 $R_o(1) \cdot R_o(2)$ 可以當做這顆 IC 的清除控制。而只要 $R_9(1) \cdot R_9(2) = 1$ 的那一瞬間都會立刻把輸出 $Q_D Q_C Q_B Q_A$ 設定為 1001。所以 $R_9(1) \cdot R_9(2) = 1$ 是把輸出預設為 9 的控制。

　　在 t_{10} 的時候 Q_D 由 1 變成 0，相當於 t_{10} 的時候是十進制計數的進位狀態，所以可以把 Q_D 當做另一個 74LS90 的時脈，如此一來便能完成個、拾、百、千…的計數器串接。如(圖 2-17)所示，是一個除 10(個位)再除 10(百位)的串接線路。其應用如圖 3-11 或圖 3-13 所示為十進制計數器(LA-03)。

■ 2-8-1　9 的設定與 0 的清除　(A)

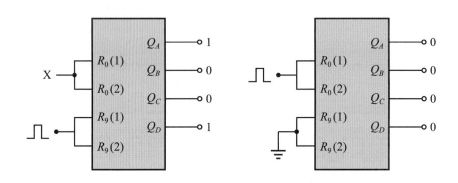

圖 2-12　設定為 9　　　　　　　圖 2-13　清除為 0

圖 2-12：　表示只要 $R_9(1)$、$R_9(2)$ 同時為 H 的時候，輸出 $Q_D Q_C Q_B Q_A = 1001 = (9)_{10}$。而繪一個(⊓)正脈波，表示只要 $R_9(1)$、$R_9(2)$ 同時有一瞬間為 H，輸出就被設定成 9。不必在 $R_9(1)$ 和 $R_9(2)$ 一直接 H。

　　　　　※ H：代表邏輯 1。

圖 2-13：　表示 $R_9(1)$ 和 $R_9(2)$ 在 L 的情況下，$R_o(1)$ 和 $R_o(2)$ 有一瞬間同時為 H，則輸出全部被清除為 0。

　　　　　※ L：代表邏輯 0。

🔲 2-8-2　BCD 除 10 的接法　(B)

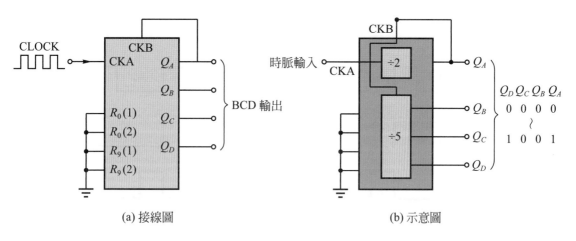

(a) 接線圖　　　　　　　　　　　(b) 示意圖

圖 2-14　74LS90 構成 BCD 除 10 的接線

　　輸入時脈CLOCK加在CKA，先除 2 得到Q_A，然後Q_A再接到CKB，繼續除 5。所以從 CKA 輸入將於$Q_D Q_C Q_B Q_A$輸出得到除 10 的結果，其數值為 0、1、2、……9。其中$R_o(1)$、$R_o(2)$、$R_9(1)$、$R_9(2)$都接地，表示 74LS90 可以做計數的工作。

🔲 2-8-3　對稱除$(10)_{10}$的接法　(C)

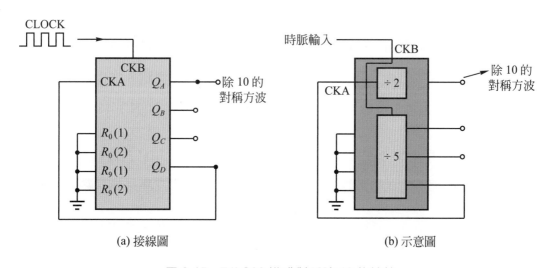

(a) 接線圖　　　　　　　　　　　(b) 示意圖

圖 2-15　74LS90 構成對稱除 10 的接線

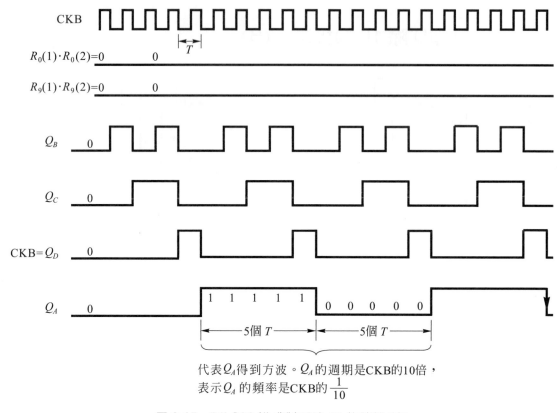

代表Q_A得到方波。Q_A的週期是CKB的10倍，
表示Q_A的頻率是CKB的$\frac{1}{10}$

圖 2-15　74LS90 構成對稱除 10 的接線(續)

說明：(圖 2-15)

　　是先除 5 再除 2 的應用，從波形分析中，清楚地看到$Q_D Q_C Q_B=$ 000～100 共有五種狀態，所以是除 5 的電路。把Q_D接到 CKB 再做除 2，由Q_A做最後的輸出，將使Q_A得到方波輸出，且其頻率爲輸入時脈的$\frac{1}{10}$。所以這是一個除頻電路。您也可以把Q_A接到下一個 IC 的 CKB，就能形成除頻器的串接。其應用如圖 3-16 和圖 3-18 所示爲時脈產生器(LA-04)。

　　此時乃先除 5 再除 2，所得到的數值並非 BCD 碼 0～9。但於最後輸出Q_A會得到 5 個 H、5 個 L 的方波。相當於把輸入的 CLOCK 頻率除以 10，並且以方波的型態由Q_A輸出。

　　上述(A)、(B)、(C)三項說明，都是 74LS90 所具有的功能，我們應該以最快速的方法先驗證一下各項功能，然後再以 74LS90 做各種應用組合的練習，如此爲之，當能由原理認知直達設計應用的領域，接著我們將以實驗模板來完成 74LS90 各項功能的驗證，並輔之以實際應用設計與組合。

2-9　74LS90 的實驗規劃：BCD 計數

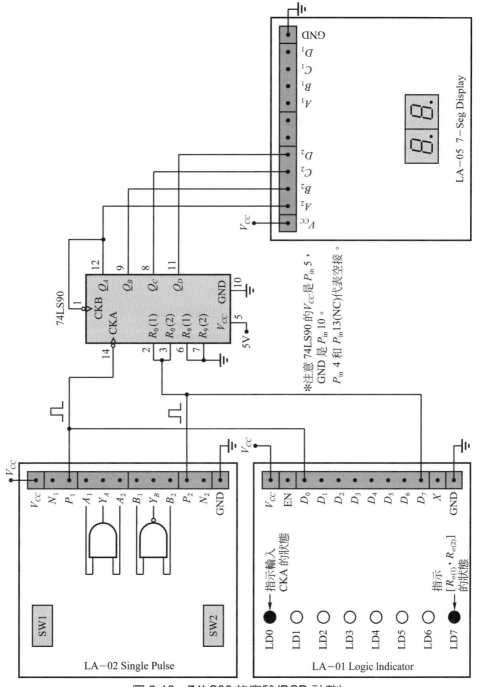

圖 2-16　74LS90 的實驗(BCD 計數)

實驗步驟：(圖 2-16)

1. 按一下 SW2，LA-01 上的 LD7 會亮一下，表示 LA-02 的 P_2 送出一個正脈波加到 74LS90 的 $R_o(1)$ 和 $R_o(2)$，即 $R_o(1) = R_o(2) = H$，則所顯示的數目是多少呢？
   _____。

2. $R_o(1) = R_o(2) = H$ 是做什麼動作，設定為 9，還是清除為 0？

3. 按下 SW1(不要鬆開)，此時 LD0 會亮起來，表示 LA-02 的 P_1 由 L 變成 H。並加到 74LS90 的輸入 A，數字顯示是否改變？ _____。

4. 把 SW1 鬆開，則 LD0 熄滅，表示 P_1 由 H 變成 L。相當於輸入 CKA 接收到一個負緣觸發。所顯示的數目將是多少？ _____。

5. 繼續按 SW1，並看所顯示的數目，是否一直增加，由 0～9？

6. 把 $R_9(1)$ 和 $R_9(2)$ 接地的那條線拔掉(相當於 $R_9(1) = R_9(2) = H$)，看看所顯示的數目是多少？ _____。

討論：(圖 2-16)

1. 想把 74LS90 的輸出清除為 0，應該怎麼處理？

2. 想把 74LS90 的輸出設定為 9，應該怎麼處理？

3. 從那邊看到 74LS90 是一個負緣觸發的 IC？

4. 一個 74LS90 可以計數 0～9，兩個可以計數 0～99。但應如何接線以達到除 $(100)_{10}$ 的目的？

※除$(100)_{10}$的分析

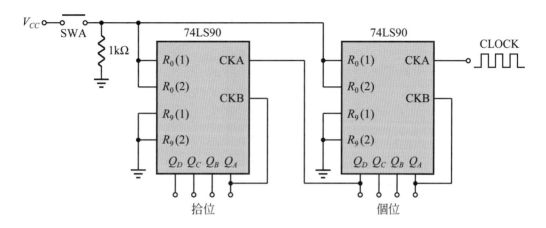

圖 2-17　除 10 再除 10

(1) 每一個 74LS90 都是把Q_A接到 CKB。並且由 CKA 輸入 CLOCK。所以它們都是先除 2 再除 5 的 BCD 計數器。

(2) 個位的Q_D接到十位的 CKA，相當於當個位數到 9 的時候，$Q_D Q_C Q_B Q_A = 1001$。若再一個 CLOCK 進來，表示第$(10)_{10}$個，則個位將變成$Q_D Q_C Q_B Q_A = 0000$。則此時Q_D是 1 變成 0，相當於Q_D產生一個負緣觸發加到十位數的輸入 CKA，將使十位數的數值加 1。相當個位數到 9 以後，第$(10)_{10}$個就要進位的意思。

(3) 個位和十位的$R_o(1)$、$R_o(2)$都接到 1kΩ電阻，即平常$R_o(1) = R_o(2) = 0$，可以正常計數。若按一下 SWA，將有何結果呢？

2-10 74LS90 的實驗規劃：對稱除(10)$_{10}$

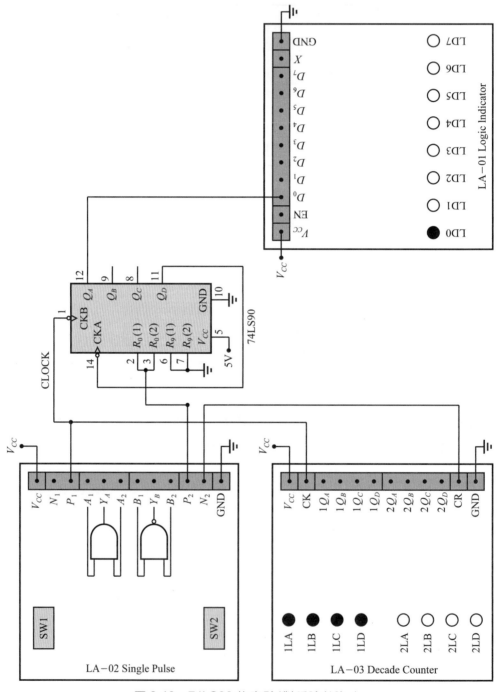

圖 2-18 74LS90 的實驗(對稱除(10)$_{10}$)

實驗：(圖 2-18)

1. 按一下 SW2，則 P_2 送出正脈波($\sqcap$)，將對 74LS90 做清除的動作，且 N_2 同時送出負脈波將對 LA-03 做清除，使得 74LS90 的 $Q_D Q_C Q_B Q_A = 0000$。並且 LA-03 的 1LD、1LC、1LB、1LA 都不亮，代表 $1Q_D 1Q_C 1Q_B 1Q_A = 0000$。

2. 按 SW1 並記錄 1LD、1LC、1LB、1LA 和 LD0 的情況。(連續按 20 下，並逐一記錄其亮燈的情況)。

討論：(圖 2-18)

1. 這種接法是先除 2 再除 5，還是先除 5 再除 2？

2. 請由上述實驗的記錄，分析 Q_A 和 CLOCK 有何關係？是否於 Q_A 得到 5 個 H，5 個 L 的方波？

3. 把輸入 CKB，換成 10kHz 的 CLOCK，然後用示波器觀看 Q_A 的波形，是否為 1kHz 的方波，則輸入 CKB 被除 10 了。

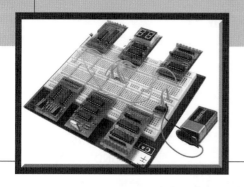

Chapter **3**

數位實驗模板線路分析與
故障排除

3-1　LA-01 線路分析與故障排除

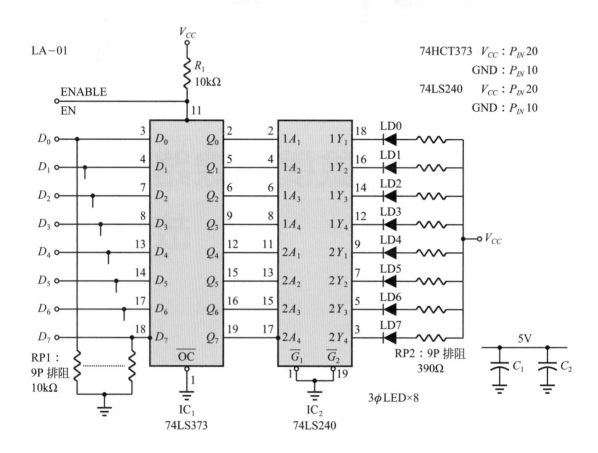

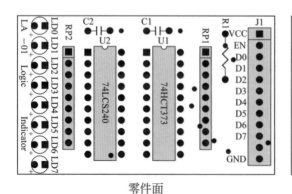

零件面

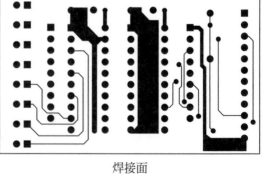

焊接面

圖 3-1　LA-01 線路圖及 PC 板圖

3-1-1　LA-01 原理說明

我們已經知道LA-01是一片8位元的邏輯狀態指示器，待測信號由$D_0 \sim D_7$加進去，各輸入信號的邏輯狀態由LD0～LD7 指示出來。LED亮代表邏輯1，LED不亮代表邏輯0。

其中74HCT373是一顆8位元的閂鎖器，這是一顆 CMOS 的 IC，其輸入電流幾乎為 0mA，故不會對待測信號造成負載效應。而 74LS240 是一顆具有 8 個反相器的 IC，能用來同時驅動 8 個 LED。

若以單一個位元指示電路來分析時，您將很容易了解，這個電路是如何完成邏輯狀態的指示。

LA-01 線路中相當於有 8 個單一位元邏輯指示器，只要了解圖 3-2 的原理，就代表整個線路您都會了。

D_N：代表$D_0 \sim D_7$中的一個輸入

EN：74HCT373 的致能控制，當 EN=1 時，$D_N = Q_N$

Q_N：代表$Q_0 \sim Q_7$中的一個輸出

A_N和Y_N：代表 74LS240　8 個反相器中的一個，輸入和輸出

LDN：代表 LD0～LD7 中的一個 LED

RP1-N：代表排阻 RP1(共 8 個 10kΩ的電阻)之中的一個(10kΩ電阻)

RP2-N：代表排阻 RP2(共 8 個 390Ω的電阻)之中的一個(390Ω電阻)

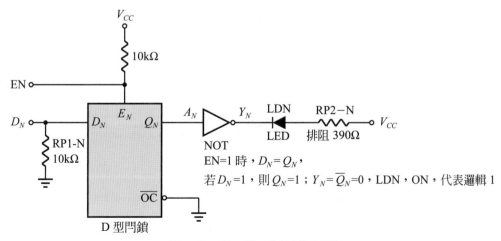

圖 3-2　單一位元邏輯指示器

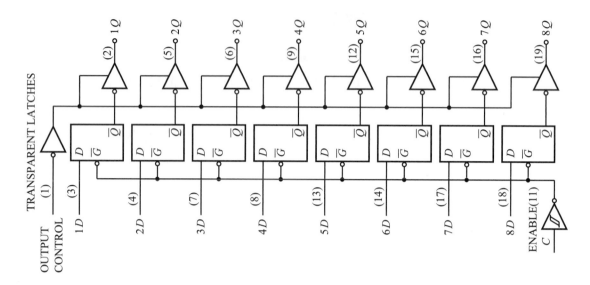

圖 3-3　74HCT373(74LS373) 方塊圖

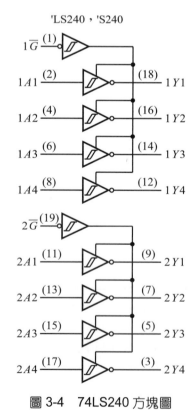

圖 3-4　74LS240 方塊圖

HCT373 ′LS373，S373

FUNCTION TABLE

OUTPUT ENABLE	ENABLE LATCH	D	OUTPUT
L	H	H	H
L	H	L	L
L	L	×	Q_0
H	×	×	Hi-Z

$\overline{1G}$, $\overline{2G}$	INPUT A	OUTPUT Y
0	0	1
0	1	0
1	×	Hi-Z

圖 3-5　74HCT373 功能表　　　　圖 3-6　74LS240 功能表

從 74HCT373 方塊圖，我們清楚地看，74HCT373 共有 8 個 D 型閂鎖器，而 74LS240 中有 8 個反相器。OC：OUTPUT ENABLE，EN：ENABLE LATCH。

從各功能表中也看到了，74HCT373 當 OC = 1 的時候，$Q_0 \sim Q_7$ 會變成高阻抗 (Hi-Z)，所以不能把 OC 接邏輯 1。故電路圖中，把 OC 接地使 OC = 0。而對致能控制 EN 而言，當 EN = 0 時，$D_N \neq Q_N$，為使 $D_N = Q_N$，所以要把 EN 接到邏輯 1。

目前用 $R_1(10k\Omega)$ 的電阻接到 V_{CC}，使得 74HCT373 輸入，可以接到外面使用，當 EN = 0 時，則 G = 0，$D_N \neq Q_N$，導致無法把 $D_0 \sim D_7$ 的輸入狀態存進 $Q_0 \sim Q_7$。

若以 D_3 為例：若 $D_3 = 1$，則 $Q_3 = D_3 = 1$，Q_3 接到 1A4，即 1A4 = Q_3。又 1Y4 = $\overline{1A4}$ = $\overline{Q_3}$ = $\overline{1}$ = 0，1Y4 = 0，則 LD3 ON。

3-1-2　LA-01 故障排除

1.　$(D_0 \sim D_7)$ 都沒有輸入信號，卻是 LD3 一直亮著，故障何在？

　　$(D_0 \sim D_7)$ 沒有輸入信號的時候，因 74HCT373 輸入已經用一個排阻，把所有輸入都設定為 0。即 $D_3 = 0$、$Q_3 = 0$、1A4 = 0、1Y4 = 1，照理說，LD3 不會亮，但若：

(1)　74LS240 的 pin12(1Y4) 若對地短路的話，LD3 一定會亮。

(2)　74HCT7373 pin9 (Q_3) 和 74LS240 pin(8) 之間斷線的話，將使得 74LS240 的 1A4 被看成邏輯 1，則 1Y4 = $\overline{1A4}$ = 0，LD3 也會亮。

(3)　若 74HCT373 的 pin 1 (OC) 空接的話，導致 OC = 1，表示 74HCT373 的輸出 $Q_0 \sim Q_7$ 為空接，將使得所有 LED(LD0 ~ LD7) 都會亮起來。

(4) 當74HCT373的pin8(D_3)上的排阻空接的時候，$D_3 = 1$，將使得$Q_3 = 1$，1A4 $= 1$，1Y4 $= 0$，則LD3也會亮。

　　由上述的分析，您只要依其相對的接腳，一腳一腳順著查下去，您一定能把故障排除。

2. 若$(D_0 \sim D_7)$都加邏輯1，理應(LD0~LD7)都亮，卻是LD5不亮，則該故障何在？

(1) $(D_0 \sim D_7)$若D_5被對地短路，當然只有LD5不亮。

(2) LD5的LED被接反了，或LED本來就是壞的。

(3) 可能排阻RP2(390Ω)被錯用成39kΩ或390kΩ，將因電阻太大使得LED不亮。

(4) 接LD5的排阻斷線，造成74LS240 pin7(2Y2)空接也會使LD5不亮

3. 排阻是什麼東西，阻值怎麼看？

　　排阻：顧名思義就是一排電阻，為了減少線路的接線，電阻廠商已經把許多阻值相同的電阻並排組裝。

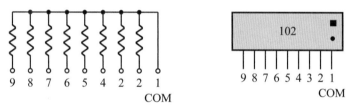

圖 3-7　排阻線路結構

　　8個電阻並排組合，而留出第1腳當共用腳(COM)。我們稱之為9P的排阻。於其包裝上，大都3位數表示電阻的大小。例如102表示$10 \times 10^2 = 1000$ Ω。390表示390Ω，473代表$47 \times 10^3 = 47$ kΩ。

　　使用排阻時，必須注意共用(COM)是那一支，一般共用腳都會於該腳上方打一個小圓點或四方點，或寫一個(1)，代表該腳為共用腳(COM)。

3-2　LA-02 線分析與故障排除

　　LA-02是由NAND閘構成兩組單一脈波產生器，分別由SW1和SW2控制單一脈波的產生。其中我們也預留了一個NAND閘和一個由兩個NAND所組成的AND閘，這樣的安排會使我們的應用更加方便。一切的好處在您把6片板子做好後，將從應用範例中發現真的是好處多多。

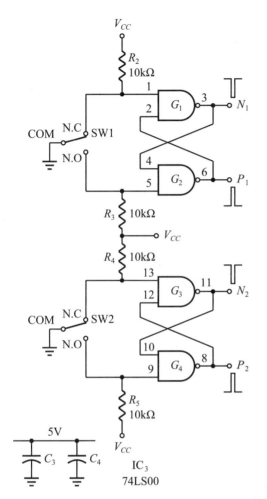

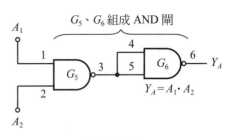

G_5、G_6 組成 AND 閘

$Y_A = A_1 \cdot A_2$

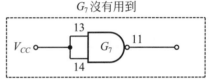

G_7 沒有用到

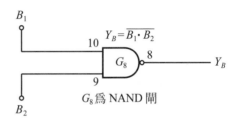

$Y_B = \overline{B_1 \cdot B_2}$

G_8 為 NAND 閘

(a) 線路圖

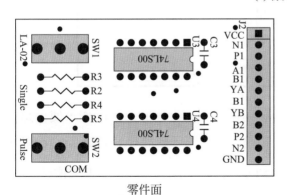

零件面

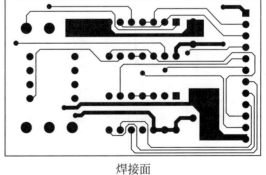

焊接面

(b) PC 板圖

圖 3-8　LA-02 線路圖與 PC 板圖

3-2-1 LA-02 原理說明

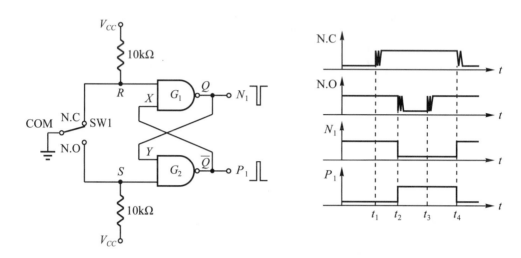

圖 3-9 LA-02 線路與波形分析

若把波形上的 t_1、t_2、t_3、t_4 和開關的動作的情形配合起來，去說明 G_1 和 G_2 所組成的 R-S 正反器，您將很容易了解為什麼能夠得到單一脈波的原因。對 R-S 正反器而言，它的功能表為

R	S	Q	$\overline{Q}$	說明
0	0	無法確認		避免讓 R 和 S 同時為 0，當 $R=S=0$ 時狀態不明
0	1	1	0	重置狀態，$R=0$，使 $Q=1$，$\overline{Q}=0$
1	0	0	1	設定狀態 $S=0$，將使 $\overline{Q}=1$，$Q=0$
1	1	狀態不變		即 $RS=01$ 或 $RS=10$ 變到 $RS=11$ 時，結果不變

不管 t_1、t_2、t_3、t_4 都有開關彈跳的現象，但由於 R-S 正反器的自保動作，使得這些彈跳現象都不會對輸出造成影響。例如在 t_2 的時候；就在那一瞬間 COM 碰到 NO 接點，使得 $S=0$ 對 G_2 而言 $\overline{Q}=\overline{Q \cdot S}$，在 $S=0$ 的這一瞬間不管 Q 是什麼，一定馬上使 $\overline{Q}=1$，$\overline{Q}=1$ 的狀態又被拉回 G_1，使得 $Q=\overline{R \cdot \overline{Q}}$（$t_2$ 時 $R=1$），則 $Q=\overline{1 \cdot 1}=0$，說時遲那時快，Q 的 0 又馬上拉回 G_2，使得 $\overline{Q}=\overline{Q \cdot S}=\overline{0 \cdot S}=1$ 即在 t_2 這一瞬間之後，不管 S 怎麼跳動，

都是 $\overline{Q}=1$ 此乃自保作用也。所以波形分析中的彈跳現象，並不會影響最後結果。每按一次開關，就只會產生一個脈波。

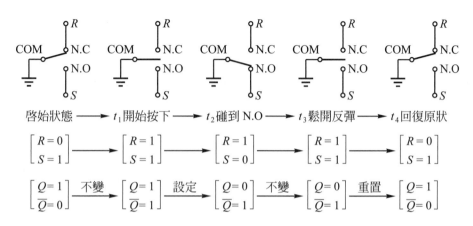

圖 3-10　開關動作分析與其結果

3-2-2　LA-02 故障排除

1.　不按開關的時候，先確定起始狀態對不對。起始狀態為 $R=0$、$S=1$，且 $Q=1$、$\overline{Q}=0$ 才是正確。若……。

　　　別忘了！您有 LA-01 可用來測 R、S、Q 和 $\overline{Q}$ 的狀態。

(1)　$R\neq 0$，可能在那裡出錯？

答：_____

(2)　$S\neq 1$，可能那裡不對？

答：_____

(3)　如果 $R=0$、$S=1$，卻是 $Q=0$、$\overline{Q}=0$，錯在那裡？

答：_____

2.　SW 按下去(不要鬆開)，則 $R=1$、$S=0$，應該是 $Q=0$、$\overline{Q}=1$，但……

(1)　$RS=10$，卻是 $Q=1$、$\overline{Q}=1$，則故障何在？

答：_____

(2)　若 X 和 $\overline{Q}$ 斷線，則有何情況發生？

答：_____

(3) 若 Y 和 Q 斷線，則有何情況發生？

答：_____

(4) 若 Q 一直為 1，則錯會在那裡？

答：_____

3-3　LA-03 線路分析與故障排除

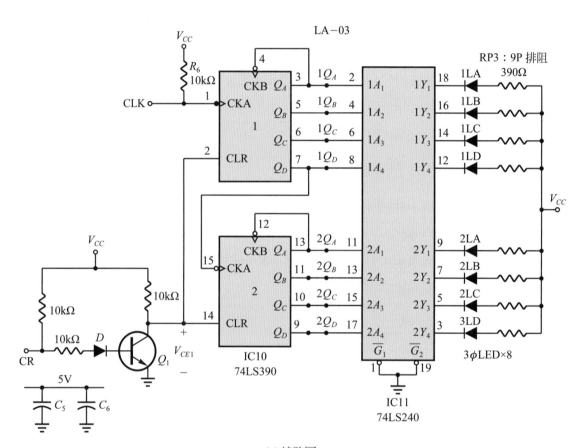

(a) 線路圖

圖 3-11　LA-03 線路圖與 PC 板圖

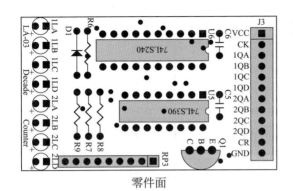 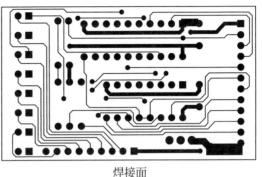

零件面　　　　　　　　　　　　　　　　焊接面

(b) PC 板圖

圖 3-11　LA-03 線路圖與 PC 板圖(續)

3-3-1　LA-03 原理說明

LA-03 是由一顆 74LS390 爲主的十進制計數器，因 74LS390 內部有兩個十進制計數器，所以 LA-03 可計數 0～99，共 100 個狀態。74LS240 我們已經在 LA-01 中介紹過，它內部有 8 個反相器，分別驅動(1LA～2LD)八個 LED。輸出信號(1QD、1QC、1QB、1QA)代表個位數，(2QD、2QC、2QB、2QA)代表十位數，而(1LD、1LC、1LB、1LA)顯示個位數，(2LD、2LC、2LB、2LA)顯示十位數。

對這個電路而言，只要了解 74LS390 是一個怎樣的IC及其使用方法，您就可以很容易了解整個電路的動作情形，進而由原理的認知及推導，您就可以幫其它人修理故障的板子。

從圖 3-12 我們很清楚地了解 74LS390 是由兩組除 2 和除 5 的電路，組成兩個除十的計數器。圖 3-11 中，我們把 1QA 接到 1CKB，2QA 接到 2CKB，而形成了(除 2 再除 5)＝(除$(10)_{10}$)的結果。接著把 1QD 接到 2CKA，就完成(除$(10)_{10}$再除$(10)_{10}$)＝(除$(100)_{10}$)的目的。

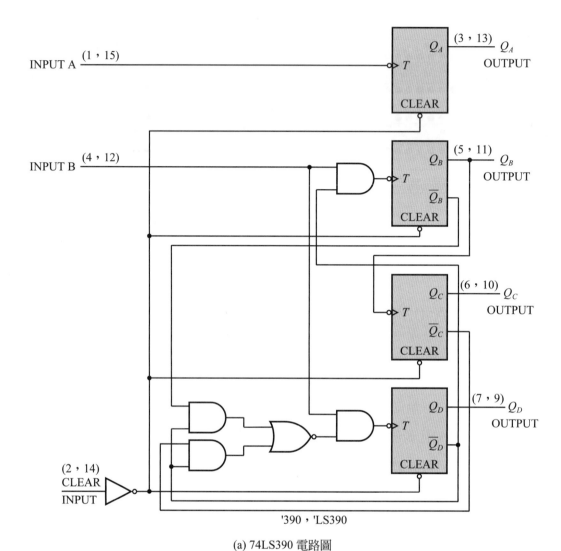

(a) 74LS390 電路圖

圖 3-12　74LS390 電路圖與示意圖

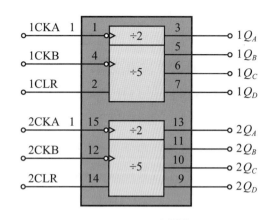

CLR	動作
1	做清除
0	正常計數

(b) 功能表　　　　　　　(c) 74LS390 示意圖

圖 3-12　74LS390 電路圖與示意圖(續)

所以只要把 CLOCK 加到 1CKA，就可以使用這個電路。對 74LS390 而言，當 CLR=1 的時候，是做清除的動作。而 74LS390 的 CLR 是接到 Q_1 的 C(集極)，當 CR 不接任何信號時，CR＝1，Q_1 ON 則 $V_{CE1}=0.2$V 表示 74LS390 的 CLR＝0，則可正常計數，若 CR＝0，Q_1 OFF，則 $V_{CE1}=5$V。表示 74LS390 的 CLR＝1，則是做清除的工作，整理 LA-03 之清除如下：

CR	CLK	動作說明	結果
1	↓	是後緣觸發，可正常計數	從 00～99
0	×	只要 CR＝0，則 $Q_D Q_C Q_B Q_A = 0000$	做清除動作

※ LA-03 控制功能說明

3-3-2　LA-03 故障排除

為了方便故障排除的進行，我們再把 LA-03 的線路圖，以另外一種畫法表現出來，讓您更容易看懂。請看圖 3-13。

1. 若 CR＝0(表示清除動作)(2QD～1QA)＝(0000 0000)所有 LED 都不應該亮，但若依然有 LED 亮著，假設 2LB 亮著，應如何排除故障？

(1) 測 74LS390(pin11)，看看 2QB 是否為 0，若 2QB＝1，則代表 74LS390 無法清除換個 74LS390。

(2) 若 2QB = 0，代表 74LS390 可以清除，再往下測量，74LS240(pin 13)看看 2A2 是否等於 2QB，則 2A2 = 2QB = 0。若 2A2 ≠ 0，則表示 2QB 和 2A2 之間斷線。則 2A2 被看成邏輯 1，則 2Y2 = $\overline{2A2}$ = 0，當然 2LB 就會亮起來。找一下 74LS390(pin 11)和 74LS240(pin 13)之間是否斷掉了，或 IC 接腳斷掉了。

2. 在 CR = 1 的時候，即 CR 不加任何信號，因 CR 已經有 R_8 接到 V_{CC} 將使得 Q_1 有 I_B 的電流，由 V_{CC} 經 R_8、R_9、D_1 到 Q_1 的 B 極(基極)使得 Q_1 導通，則 $V_{CE1} \approx 0.2V$。相當於 74LS390 的 1CLR = 2CLR = 0，則 74LS390 可正常計數。

3. 在計數的時候，發現 1QC 和 1QB 變化一樣，應如何排除故障？即 1LC 和 1LB 有著相同的亮法。

   (1) 測 74LS240(pin16)和(pin14)看看兩者是否短路了？

   (2) 測 1QC 和 1QB(即 1A3 和 1A2)是否短路？

   (3) 74LS390 死掉了，換一顆又起死回生了。

4. 若 2QD、2QC、2QB、2QA(即十位數)，不管 CLOCK 怎麼加，都不會變化，應如何排除這種故障？

   (1) 量 74LS390 pin7(1QD)和 pin15(2CKA)的信號是否相同。若 2CKA 沒有信號，表示 1QD 到 2CKA 之間的接線斷了，所以十位數將沒有計數脈波，而無法動作。

   (2) 也可能 2QD、2QC、2QB、2QA 一直為 0，表示十位數一直被清除，而無法計數。檢查 2CLR、74LS390 pin14 是否空接，斷線、斷腳或冷焊。

5. 若 R_8(10kΩ)錯接成較大的電阻(100kΩ)會有何結果？為什麼？

   74LS390 做清除的時候，必須於 1CLR、2CLR 上加邏輯 1。不做清除的時候只要讓 1CLR = 2CLR = 0。照理說應該把 1CLR 和 2CLR 直接接地。但為了使 LA-03 也能預留清除控制。所以才把 1CLR 和 2CLR 接在一起，並接到 Q_1 的 C 極(集極)，便能由 Q_1 的 B 極(基極)，控制 LA-03 的清除。

   若 R_8 太大時，將造成 Q_1 的 I_B 太小，使得 Q_1 無法導通，則 Q_1 的 C 極(集極)將得到一個高電壓加到 74LS390 的 1CLR 和 2CLR，使得 74LS390 的 1CLR = 2CLR = 1，將使 74LS390 永遠清除，$2Q_D \sim 1Q_A$ 都為 0，而無法計數。茲分析其結果如下：

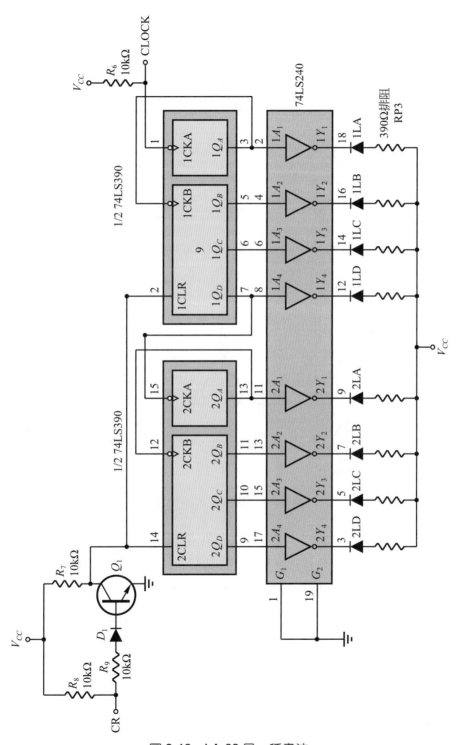

圖 3-13　LA-03 另一種畫法

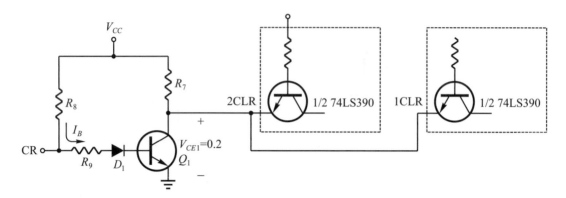

圖 3-14　(a)CR＝1時，正常計數

CR＝1，Q_1 ON，$V_{CE1}=0.2$V，1CLR＝2CLR＝0。

對 74LS390 而言，1CLR＝2CLR＝0，代表可以正常計數。

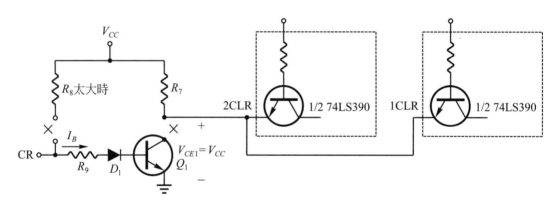

圖 3-14　(b)R_8太大的後果

　　CR 空接，可視爲 CR＝1，但因R_8太大，將使得I_B太小，Q_1無法完全導通，甚至Q_1 OFF，則$V_{CE1}=V_{CC}$，相當於 74LS390 的 1CLR 和 2CLR 被加上邏輯 1，將使 74LS390 永遠是處於清除的狀態，而無法計數。

　　綜合上述分析得知，若R_8太大，或R_8、R_9有斷線或D_1接反的時候，Q_1一直 OFF，將永遠使 74LS390 處於清除的狀態，而無法計數。

6.　若R_8用的太小，將有何後果？

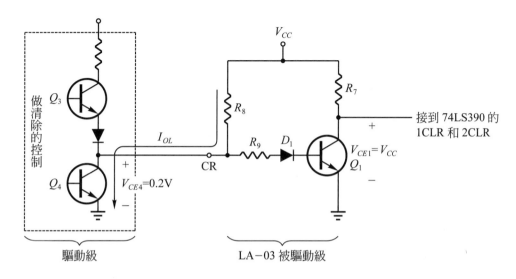

圖 3-15　R_8太小的後果

　　驅動級是某個數位 IC 的輸出部份，當想把 LA-03 清除為 0 的時候，驅動級的Q_4一定要ON，使得$V_{CE4} = 0.2V$，則CR $= 0$，Q_1 OFF，$V_{CE1} = V_{CC}$，則74LS390 的 1CLR $=$ 2CLR $= 1$是做清除工作，沒有錯。但若R_8太小，則流入Q_4的電流I_{OL}將變得很大，表示Q_4的扇出量太大而使V_{CE4}上升，若$V_{CE4} >$ $V_{D1} + V_{BE1}$時，將使Q_1 ON，導致本來要做清除的工作卻變成做計數的工作。再則R_8太小，I_{OL}太大，也可能把驅動級的Q_4燒掉。所以R_8也不能太小。想想看，D_1的目的何在？

3-4　LA-04 線路分析與故障排除

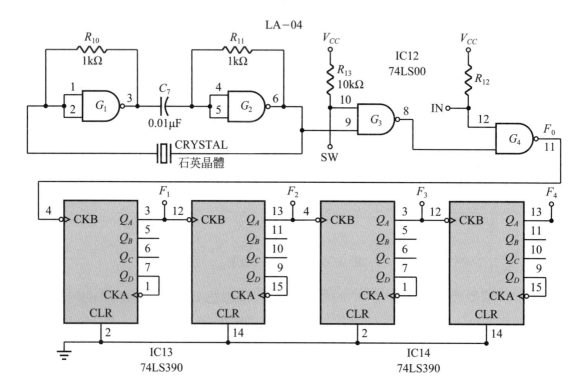

圖 3-16　LA-04 線路圖

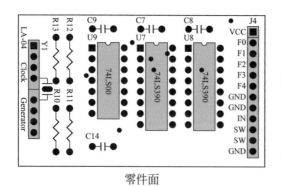

零件面

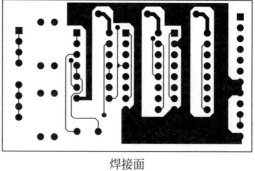

焊接面

圖 3-17　LA-04 PC 板圖

3-4-1　LA-04 原理說明

LA-04 是由 G_1、G_2 配合石英晶體而組成脈波(方波)振盪電路，然後所得到的方波加到兩顆 74LS390 做四次除 $(10)_{10}$ 的演算。若石英晶體的振盪頻率為 10MHz 的時候，四次除 $(10)_{10}$ 的演算，就得到 1M，100kΩ，10kΩ，1kHz 的方波。其方塊圖如下：

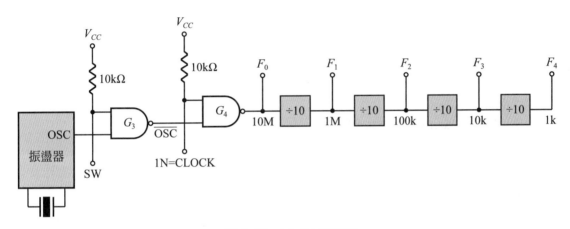

圖 3-18　LA-04 方塊圖

我們在 LA-03 十進制計數器中已經說明 74LS390 是一顆怎麼樣的 IC。它是一顆內含兩個除 $(10)_{10}$ 計數器的 IC。目前 LA-04 是先做除 5 再做除 2，所以可以得到除 $(10)_{10}$ 的方波。有關除 5 再除 2 能夠得到除 $(10)_{10}$ 方波的說明，請參閱漣波計數器中，有關 74LS90 的說明。因事實上一顆 74LS390，實際上是具有兩個 74LS90 的功能。

若 $SW = 0$，則 $\overline{OSC} = 1$，$F_0 = \overline{\overline{OSC} \cdot IN} = \overline{1 \cdot IN} = \overline{IN} = \overline{CLOCK}$。故此時若在 IN 腳從外面加一個 CLOCK 時，則 F_0 的頻率將和 CLOCK 的頻率相同。接著除四次 $(10)_{10}$，分別得到各點的頻率為 $F_0 = CLOCK$、$F_1 = \dfrac{1}{10}CLOCK$、$F_2 = \dfrac{1}{100}CLOCK$、$F_3 = \dfrac{1}{1000}$

CLOCK、$F_4 = \dfrac{1}{10000}CLOCK$，有了 G_3 和 G_4，將使 LA-04 的應用更加靈活。

圖 3-19 很清楚地看到 74LS390 是兩組 ÷5 和 ÷2 的電路，為先達到 ÷5 的目的，CLOCK(F_0) 乃由 CKB 輸入，然後才由 Q_D(除 5 的最高位元，000、001、……、101、000、……)加到 CKA 做除 2，如此接線便能於 Q_A 得到除 $(10)_{10}$ 的方波。

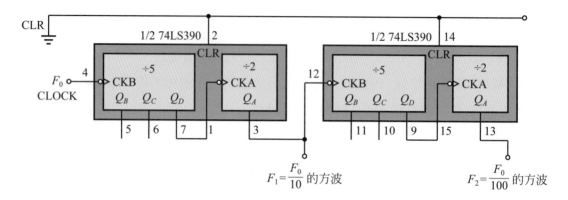

圖 3-19　74LS390 除 5 再除 2 的接法

3-4-2　LA-04 故障排除

1. 沒有振盪信號F_0時，故障何在？(用示波器看F_0的波形)

(1) 先檢查G_1和G_2是否有短路或冷焊的現象。(不妨再滑焊一次)

(2) 看看R_{10}、R_{11}是否用錯了，使得R_{10}、R_{11}太大。把R_{10}、R_{11}換小一點，如910Ω、820Ω、686Ω之類的電阻。

(3) 0.01μF 的電容器，是否短路了？

(4) 石英晶體或 74LS00 故障，換一下別人的試試看。

2. 量F_1、F_2、F_3、F_4是否有方波輸出？

(1) 測量各級的Q_D和 CKA(pin7 和 pin1)是否相同？

(2) 前一級的Q_A和下一級的 CKB 是否相同？

(3) 如果F_1和F_2波形相同，故障何在？

這種現象一定是F_1和F_2短路，查一下該級的 pin12 和 pin13 是否短路。

3. 如果F_0、F_1、F_2、F_3都有正確的方波，卻是F_4沒有波形，故障何在？

(1) 可能該級的Q_A(pin3)和 CKB(pin12)斷線。

(2) 也可能該級的清除腳 CLR(pin14)空接或冷焊，使得該級處於清除狀態，則$F_4 = 0$。

3-5 LA-05 線路分析與故障排除

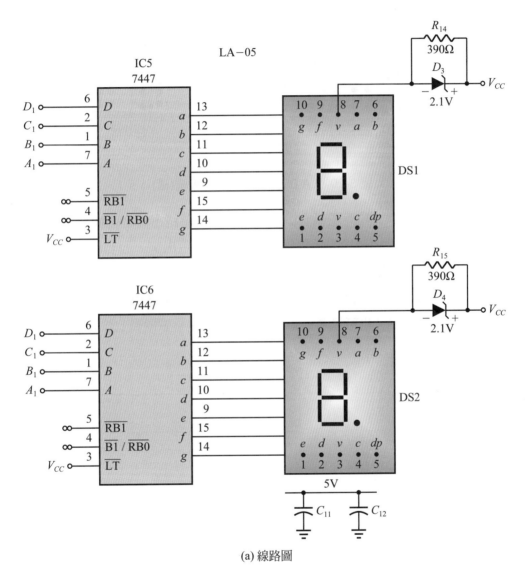

(a) 線路圖

圖 3-20 LA-05 線路圖與 PC 板圖

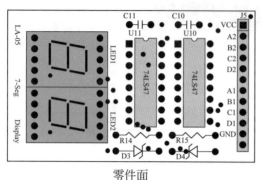 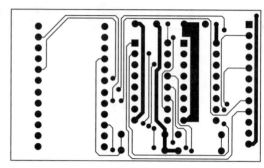

零件面　　　　　　　　　焊接面

(b) PC 板圖

圖 3-20　LA-05 線路圖與 PC 板圖(續)

　　LA-05 是由 74LS47 和共陽極七段所組成的顯示電路，其中 74LS47 是七段解碼器，把 DCBA 輸入的數值轉換成相對應的數字符號顯示出來。而七段顯示器有兩種，其一是共陽極七段顯示器，其二為共陰極七段顯示器。

　　請留意七線的顯示器，必須把兩顆並排貼在一起，最左邊和最右邊各有兩個貫孔是空接的狀況(不要焊錯了)。也可以拿一個24Pin的IC腳座當做兩顆七線的顯示器的插座。

3-5-1　LA-05 原理說明

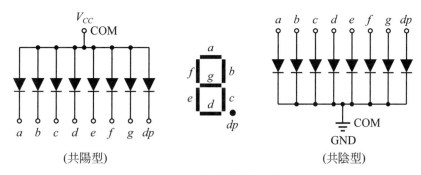

圖 3-21　七線段顯示器

七段顯示器總共把 8 個 LED 包裝在一起，並且排列成一個 **8** 和一個小數點。其代號分別是 a、b、c、d、e、f、g 和 dp。若把陽極接在一起就形成共陽型，若把陰極接在一起就是共陰型。

如果我們要顯示的數值為(0011) = 3，則必須讓 a、b、c、d、g 這 5 個 LED 亮起，而看到的是 **3** 這個數字。74LS47 就是負責把 0000～1111 變成 **0.1.2.3.** ……的解碼 IC，我們只要把七顯示器的(a、b、c、d、e、f、g)接到 74LS47 的(a、b、c、d、e、f、g)，然後由 DCBA 的數值決定要顯示，那一個數字。

0	1	2	3	4	5	6	7	8	9	A	B	C	D	E	F
0	1	2	3	4	5	6	7	8	9	c	ɔ	℃	ʊ	5	t

圖 3-22　數字顯示的情況

各接腳功用說明如下：

1. DCBA：數值輸入腳代表 0000～1111，即 0～F。

2. (a、b、c、d、e、f、g)：接七段顯示器的(a、b、c、d、e、f、g)。

3. $\overline{LT}$：燈泡測試腳。當 $\overline{LT}$ = 0 時，所有(a～g)七段都會亮起來，得到 **8** 的顯示情形。

4. $\overline{BI}$ / $\overline{RBO}$：這是一隻比較特殊的接腳，可以當輸入也可以當輸出。當輸入使用時，若強迫 $\overline{BI}$ / $\overline{RBO}$ = 0，則所有七段都會滅掉(全部不會亮)。

5. $\overline{RBI}$：這隻是漣波遮末輸入腳。當 $\overline{RBI}$ = 0，且 DCBA = 0000 的時候，本來應該亮 **0** 會被遮末掉而變成什麼都不亮。

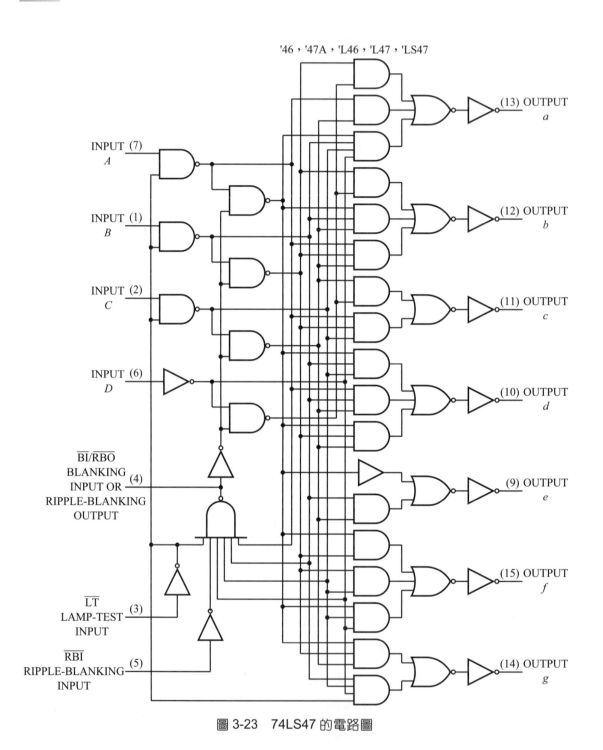

圖 3-23　74LS47 的電路圖

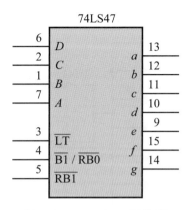

圖 3-24　74LS47 示意圖

　　有關 74LS47 更詳細的參考資料和使用方法，請您參閱解碼器那個單元，會有更深入的介紹和說明。對於七段顯示器和 74LS47 之間的連接方式，請您比較下面三圖：

　　圖 3-25(a)、(b)、(c)的接法都能讓七段顯示器的 LED 亮起來，但圖(a)的方式會因 LED 的電流太大，而超夠 74LS47 的負荷，使 74LS47 過份發熱而終至造成顯示錯誤。圖(b)是標準接法，照著接保證能動作。若亮度太暗則把 330Ω 換成 270Ω、220Ω。若太亮了，則換成 390Ω 或 470Ω。圖(c)我們稱之為投機的接法，使用一個約 2.1V～2.7V 的齊納二極體(Zener Diode)並聯一個約 270Ω～680Ω 的電阻，也能達到相同的效果。如此接唯一的好處是少插 5 個電阻的麻煩。至於共陰極七段顯示器的接法則如下列所示：

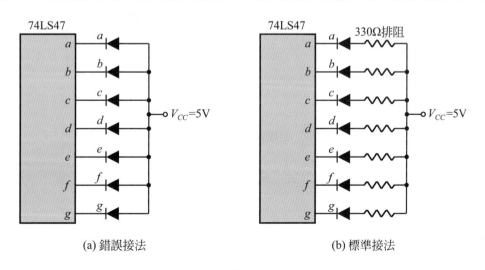

(a) 錯誤接法　　　　　　　　　　　(b) 標準接法

圖 3-25　七段顯示器之限流(共陽)

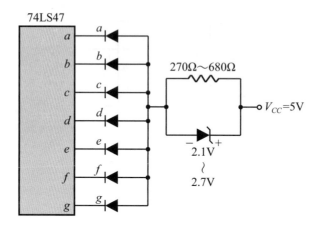

(c) 投機接法

圖 3-25　七段顯示器之限流(共陽)(續)

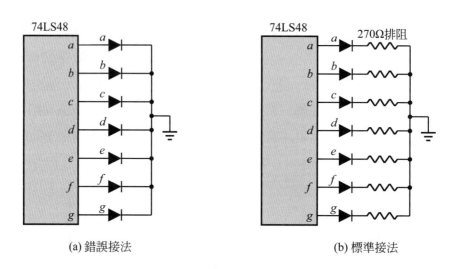

(a) 錯誤接法　　　　　　　　(b) 標準接法

圖 3-26　七段顯示器之限流(共陰)

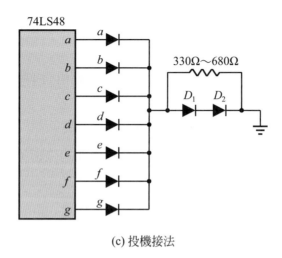

(c) 投機接法

圖 3-26　七段顯示器之限流(共陰)(續)

3-5-2　LA-05 故障排除

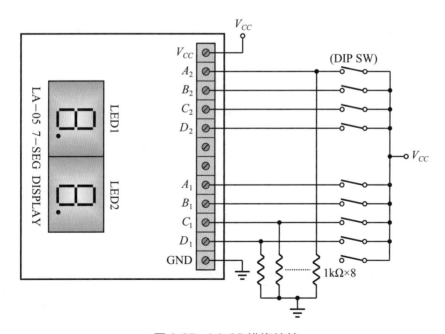

圖 3-27　LA-05 維修接線

1.　$(A_1，B_1，C_1，D_1)$、$(A_2，B_2，C_2，D_2)$ 都各接一個 $1\text{k}\Omega$ 的電阻到地(GND)。

2.　用一個指撥開關控制 $A_1 \sim D_1$、$A_2 \sim D_2$ 的輸入狀況。

3. DIP SW 都 OFF。即讓 $D_1C_1B_1A_1 = 0000$，$D_2C_2B_2A_2 = 0000$ 理應顯示 **00**。

(1) 若顯示 **88**，其故障何在？

可能 $\overline{LT}$(pin3)被接地短路了，使得 $\overline{LT}=0$，則所有 LED ON。

(2) 若顯示 **00**，其故障何在？

① 七線段顯示器 LED d 壞掉了，使得 d 不顯示。

② 74LS47 的 d(pin10)和七段的 d(pin2)之間的線斷掉了。

(3) 若顯示 **80**，其故障何在？

① 此時多亮了一個 LED g。可能 D_2 斷線，使得 0000 變成 1000，當然會顯示成 **8**。

② 74LS74 的 g(pin14)到七段 g(pin10)之間有短路現象，將使 g 一直亮著。

(4) 若全部 LED 都不亮，故障可能在那裡？

① 用錯電阻把 330Ω 誤用成 33kΩ 或 330kΩ，當然 LED 亮不起來。

② V_{CC} 沒有接好，或 GND 沒有接好。

③ $\overline{BI}/\overline{RBO}$(pin4)被接地短路，則 $\overline{BI}/\overline{RBO}=0$，完全遮末，LED 都 OFF。

④ $\overline{RBI}$(pin5)=0，因此時 DCBA = 0000，若 $\overline{RBI}$ 也同時等於 0，則將把零遮末掉(這是正確的動作，不要誤以為是故障)。

4. 把指撥開關(DIP SW)全部 ON，則輸入 DCBA 都為 1111。照理說也應該是所有 LED 都不亮。

(1) 若有 LED 亮起來，則故障何在？

① 先確定 $D_2C_2B_2A_2$，$D_1C_1B_1A_1$ 各腳是否有接地短路的現象？

若 D_2 被短路了，則 $D_2=0$，$D_2C_2B_2A_2 = 0111$，將顯示出 **7**。而不是都不亮的情形。

② 若 DCBA 輸入沒問題則檢查輸出(a～g)是否有短路。

③ 若一直都亮 **88** 無法改變，您說它故障在那裡？

答：＿＿＿＿＿＿＿＿＿＿＿＿＿＿＿

④ 七段顯示器的接腳到底是怎麼排列？

答：＿＿＿＿＿＿＿＿＿＿＿＿＿＿＿

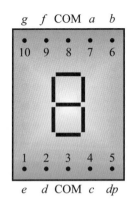

圖 3-28　七段顯示器的接腳排列

3-6　LA-06 線路分析與故障排除

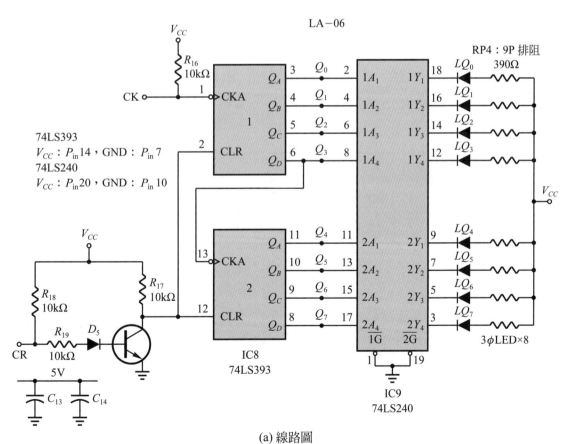

(a) 線路圖

圖 3-29　LA-06 線路圖與 PC 板圖

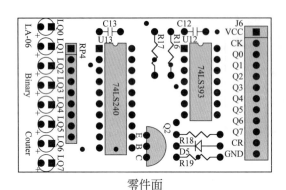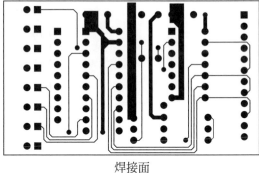

零件面　　　　　　　　　　　　　　焊接面

(b) PC 板圖

圖 3-29　LA-06 線路圖與 PC 板圖(續)

　　LA-06 二進制計數器的電路結構和 LA-03 十進制計數器的電路結構完全一樣，只是 LA-06 用的計數 IC 是 74LS393，而 LA-03 用的是 74LS390。所以兩者的原理也可以說是完全一樣。

　　LA-06 的輸出 Q_7、Q_6、……Q_0 都是二進制的數目。也就是說 Q_0 的頻率是 Q_1 的兩倍，Q_1 的頻率是 Q_2 的兩倍……。有關 74LS393 的資料。可參考漣波計數器 74LS393 的資料手冊。

CR	CK	動作說明	結果
1	↓	是後緣觸發，可正常計數	從 $(00)_{16}$～$(FF)_{16}$
0	X	只要 CLR=1，則 Q_0～Q_7=0	做清除動作

Chapter **4**

數位實驗模板應用範例

4-1 輸入設定與輸出偵測

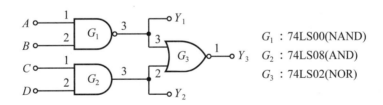

G_1：74LS00(NAND)
G_2：74LS08(AND)
G_3：74LS02(NOR)

圖 4-1

圖 4-1 是一個組合邏輯電路，請您以實驗證明當：$C \cdot D = 0$ 且 $A = B = 1$ 的情況下，Y_3 才有可能等於 1。$(Y_3 = 1)$

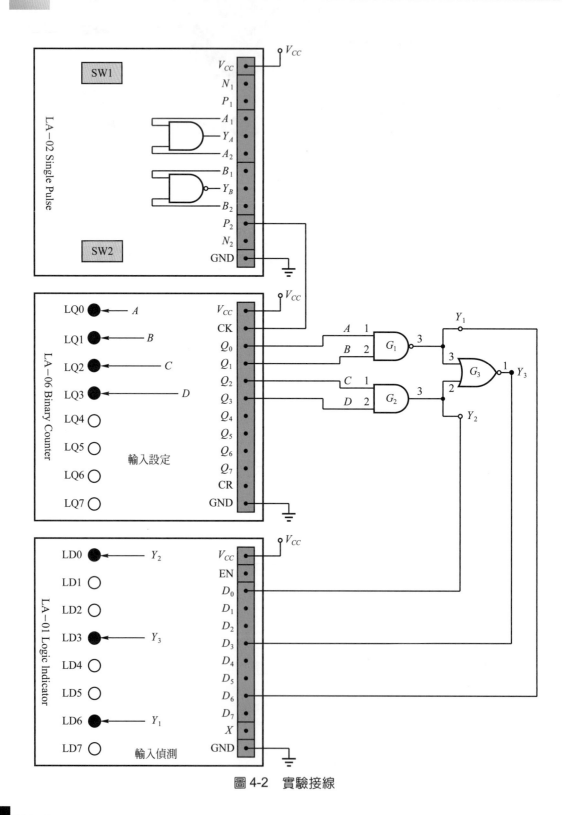

圖 4-2 實驗接線

1. LA-02 由 SW2 控制單一脈波產生，每按一次 SW2 就會於 P_2 得到一個正脈波 (⎍)。該正脈波加到 LA-06 二進制計數器的ＣＫ。

2. LA-06 每接收一個脈波 $Q_3Q_2Q_1Q_0$ 的值會自動加1，即只要按 SW2，就能於 LA-06 的 $Q_3Q_2Q_1Q_0$ 得到 0000、0001、……1111 共 16 種不同的數值。$Q_3Q_2Q_1Q_0$ 正好提供給實驗電路的 DCBA。同時 LQ3、LQ2、LQ1、LQ0。也會指示 DCBA 的狀態。

3. Y_1、Y_2、Y_3 分別接到 LA-01 的 D_6、D_0、D_3 則將由 LD6、LD0、LD3 指示 Y_1、Y_2、Y_3 的狀態。

4. 剩下的工作就只要 "按開關(SW2)看結果，做記錄"。

表 4-1

看結果 / 按開關	D	C	B	A	Y_1	Y_2	Y_3	
	LQ3	LQ2	LQ1	LQ0	LD6	LD0	LD3	←LED(暗：代表 0)，(亮：代表 1)
POWER ON	1	1	0	0	1	1	0	←任意狀態開始做實驗
按 SW2	1	1	0	1	1	1	0	←按 SW2 看結果，做記錄
按 SW2	1	1	1	0	1	1	0	⋮
按 SW2	1	1	1	1	0	1	0	⋮
按 SW2	0	0	0	0	1	0	0	⋮
按 SW2	0	0	0	1	1	0	0	⋮
按 SW2	0	0	1	0	1	0	0	⋮
按 SW2	0	0	1	1	0	0	1	⋮
按 SW2	0	1	0	0	1	0	0	⋮
⋮	⋮	⋮	⋮	⋮	⋮	⋮	⋮	

5. 做討論：

(1) 當 DCBA = ？時，$Y_3 = 1$。DCBA = ＿＿＿＿＿ , ＿＿＿＿＿ , ＿＿＿＿＿ 。

(2) 如果希望讓 DCBA 由 0000 開始做實驗，應該再用到那個開關，怎麼接線？

註 您還有一組開關 LA-02 的 SW1 沒有用到，把 N_1 接到 LA-06 的 CR，便能得到清除為 0 的功能。

(3) 如果您用的是$Q_4Q_3Q_2Q_1$接到$DCBA$，那麼要改變一次$DCBA$的值，必須按幾次開關？為什麼？

6. 接線比較：(圖4-3)

　　虛線部份是我們做實驗時的待測電路，其它部份的電路分別由LA-02、LA-06、LA-01提供。此時您應該能清楚地了解，我們是把實驗模板拿來當工具使用，使得數位實驗變得更簡單，更富有彈性應用與變化。不妨比較圖4-2、圖4-3接線的複雜程度。

　　對初學者或一般學生而言，數位實驗模板，使得實驗的接線變得很少，是它最大的頁獻。有了它以後，學生才有機會做更多系統的規劃和設計。否則接線太多，除錯都來不及。

　　對老師而言，所教的課程，能在最短的時間內由實驗證實更能補理論說明之不足，且老師才能以畫方塊圖的方式說明系統原理，然後由學生以實驗模板實際做出來。當能相互受益，老師輕鬆許多又受敬重，學生做出來的是您的期望及其成就。

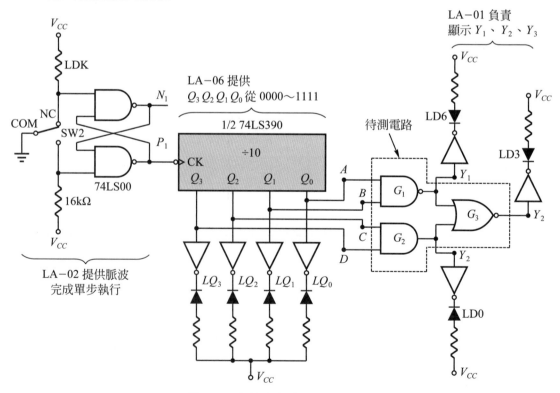

圖4-3　實驗所包含的全部電路

4-2 多級方波產生器

希望能得到 $100Hz$、$10Hz$、$1Hz$、$0.1Hz$ 的方波,可以怎麼做呢?

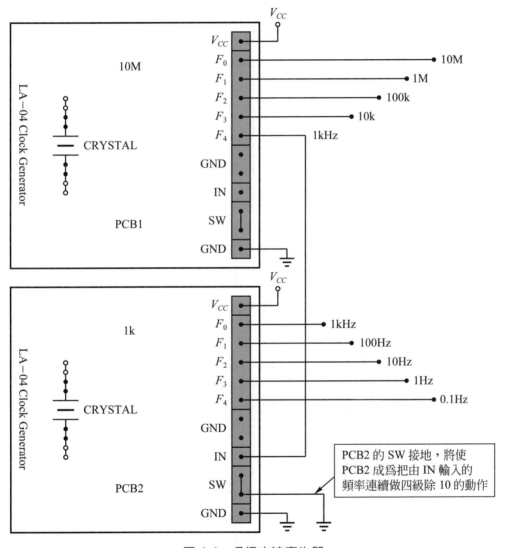

圖 4-4 多級方波產生器

PCB1 是 $10MHz$ 的石英晶體振盪,所以 PCB1 將得到 $F_0 = 10MHz$、$F_1 = 1MHz$、$F_2 = 100kHz$、$F_3 = 10kHz$、$F_4 = 1kHz$,又把 PCB1 的 F_4 接到 PCB2 的 IN 當 PCB2 的 CLOCK,所以 PCB2 將得到 $F_0 = 1kHz$、$F_1 = 100Hz$、$F_2 = 10Hz$、$F_3 = 1Hz$、$F_4 = 0.1Hz$。

　　相當於LA-04具有多片串接的功能，所以大概您做實驗會用到的時脈(CLOCK)，它都能夠得到。

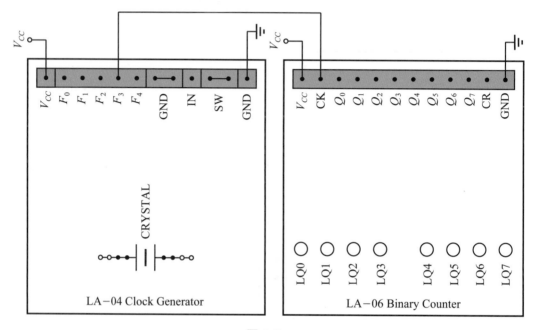

圖 4-5

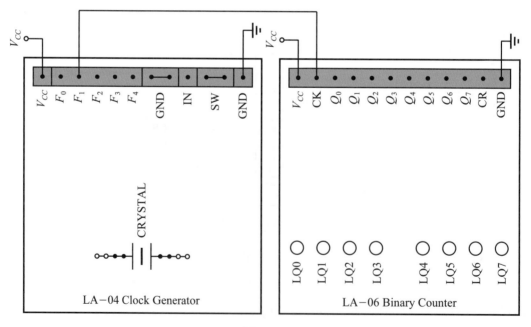

圖 4-6

討論：

1. 圖 4-5 中，LA-06 的 Q_0、Q_1、Q_2、Q_3 的頻率各是多少？

2. 圖 4-6 中，LA-06 的 Q_0、Q_1、Q_2、Q_3 的頻率各是多少？

3. 想要得到一組方波頻率分別為

    10M、1M、100k、10k、5k、500Hz、50Hz、5Hz、0.5Hz，請把下圖
    接線完成，並標明各輸出腳在那一支？

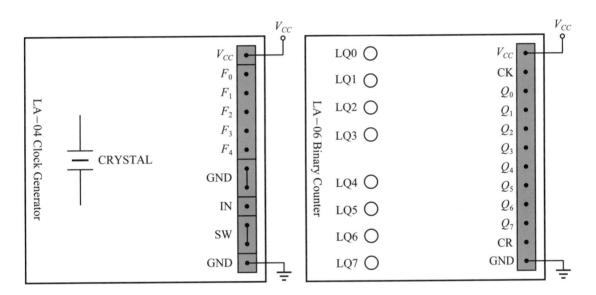

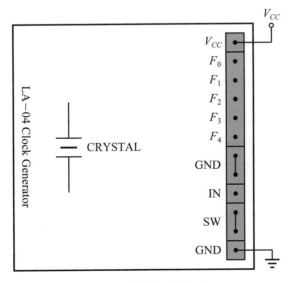

圖 4-7　多級波形產生

4-3 簡易電子碼錶

4-3-1 原理說明

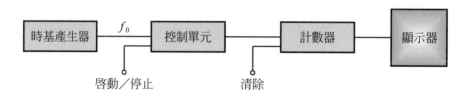

圖 4-8　電子碼錶方塊圖

1. 時基產生器：產生 100Hz、10Hz 或 1Hz 的脈波輸出。

2. 控制單元：開始計時和停止計時的控制。

3. 計數器：計算時基信號 f_0 的脈波個數有多少？若 $f_0 = 10\text{Hz}$，計數值為 56，則代表 $56 \times \dfrac{1}{10}$ 秒 $= 5.6$ 秒。

4. 顯示器：把計數值顯示出來。56 顯示為 **5 6**。

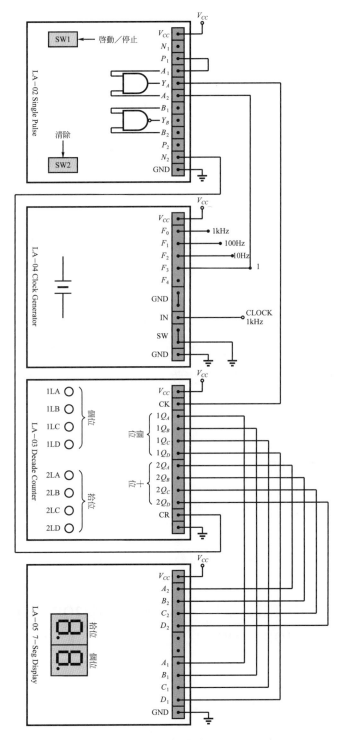

圖 4-9　電子碼錶實驗接線(0～99 秒)

4-3-2 接線說明

1. LA-04：時基產生器。因 LA-04 的 SW＝0，所以可以由 IN 加 CLOCK，目前 CLOCK 為 1kHz，所以在 F_3 的接腳可以得到 1Hz 的信號。

   請您用信號產生器產生 1kHz 的方法，提供給本實驗使用，但提醒您：

   (1) 1kHz 要從信號產生器那一個輸出端提供？

   (2) 記得您所使用的 V_{CC} 只有 5V，所以您要用的方波應該是單極性 TTL 信號，不是有正、負極性的波形？

   (3) 如何得到 TTL 位準且是 1kHz 的方波呢？

2. LA-02：當做控制單元。當 SW1 按下去的時候，Y_4 就有 1Hz 的信號。當 SW1 不按的時候，$Y_4＝0$(沒有 1Hz 輸出)。所以 SW1 是當做啟動／停止開關。($Y_A＝P_1 \cdot A_2＝P_1 \cdot (1Hz)$)、$P_1＝1$、$Y_A＝1Hz$)

   其中 N_2 接到 LA-03 當清除控制。按下 SW2 時，$N_2＝0$，將把 LA-03 清除為 0。

3. LA-03：十進制計數器，由 LA-02 的 Y_4 提供 1Hz 的信號加到 LA-03 CLOCK 輸入腳(CK)，則 LA-03 將 1 秒鐘接收一個脈波。若輸入脈波為 36 個，那所看到的計數值將是 *36*，代表 36 秒。

4. LA-05：七段顯示器，分別顯示個位和十位。

4-3-3 動作說明

1. 首先按一下 SW2，於 N_2 產生一個負脈波，加到 LA-03 的 CR，把 LA-03 輸出全部清除為 0。

2. 預備開始：按下 SW1 啟動計數器執行計數的動作，則 1Hz 的 CLOCK 會加到 LA-03 的 CK。

3. 停止：鬆開 SW1，則計數停止。若數目為 68，即(2QD、2QC、2QB、2QA)＝(0、1、1、0)、(1QD、1QC、1QB、1QA)＝(1、0、0、0)，LA-05 當然會顯示出 *68*。代表 68 秒。

4. 若輸入改用 10Hz 計數，則 68 代表 $68 \times \dfrac{1}{10} \sec ＝ 6.8$ 秒。

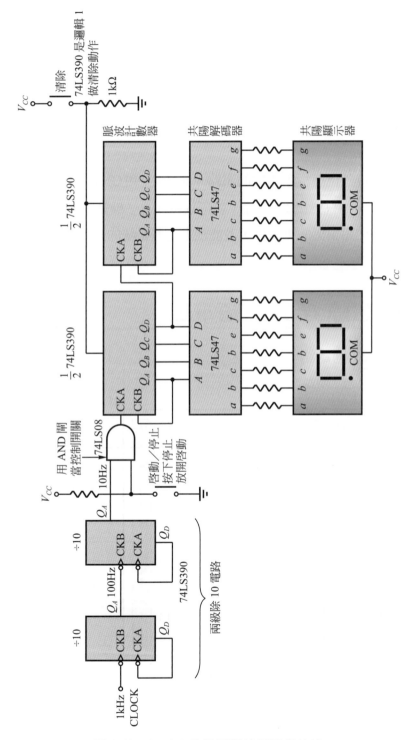

圖 4-10　0～9.9 秒電子碼錶電路與接線

4-3-4 接線比較

若在沒有數位實驗模板的時候，您想完成這樣一個電子碼錶的設計時，可能設計的電路如圖4-10所示。想想看，您要接多少條線，才能完成這個實驗。

以最省接線的方式處理圖4-10，最少也要接48條線，16個電阻，若電阻無法直接跨接，則接線將增加36條，達84條之多，再加上每一個IC的V_{CC}和接地，將達102條的接線。

而使用圖4-9以數位模板所組成的電路，包括V_{CC}和GND總共才22條，若模板早就插在麵包板上時，則只要接14條線，就可以做好電子碼錶的實驗。

除了基本元件使用情形的實驗外，若能加上這些系統的設計，相信會給學生帶來更好的學習途徑。

4-4 任意除 N 的除頻電路

一、圖4-11 除32的電路

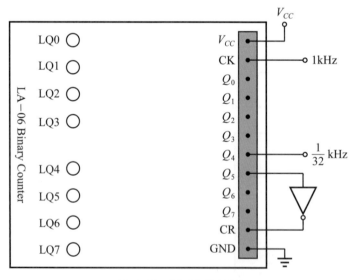

圖 4-11 除 32 的電路

值若從 00000000 開始，對$Q_4Q_3Q_2Q_1Q_0$而言，會從 00000、00001、00010、……11111，接著數目應該是 $100000 = (32)_{10}$，而此時正好是$Q_5 = 1$，在$Q_5 = 1$的瞬間$CR = \overline{Q_5} = 0$，把 LA-06 的輸出全部清除為 0。使得輸出所看到的數目只有00000000～00011111，$(0～31)$共 32 種狀態。所以Q_4的頻率為$\frac{1}{32}$kHz。

二、圖 4-12 除 40 的電路

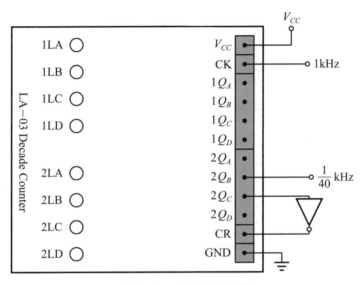

圖 4-12　除 40 的電路

LA-03 是十進制計數器，若計數值從$(0000，0000)$開始當計數到$(0011，1001)$時，若在一個脈波進入，其值將變成$(0100，0000)$則此時$2Q_C = 1$，就這一瞬間$2Q_C = 1$，將把 LA-03 輸出全部清除為 0，所以所看到的數目只有 0～39，共 40 種狀態。

對$2Q_B$而言，其頻率就是$\frac{1}{40}$kHz $= 25$ Hz。並且在 0～19 時，$2Q_B = 0$，20～39時，$2Q_B = 1$，所以$2Q_B$有 20 個邏輯LOW，20 個High，所以$2Q_B$是一個25Hz的方波。

三、圖 4-13 除N電路

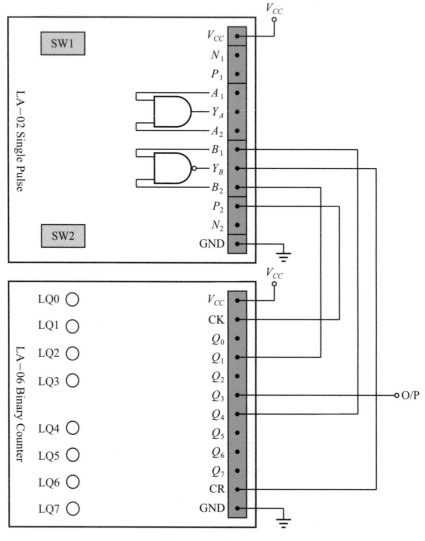

圖 4-13　除N電路

這樣的接線代表是除多少的電路？$N = $ _____ 。

其中LA-02 我們用SW2 所控制的P_2，當做 LA-06(二進制計數器)的 CLOCK，如此便能達單步執行的目的，使實驗能一面做一面想又一面從 LED 上看到輸入狀態和輸出結果。

　　按一下 SW2，從 LD7～LD0 可以看到Q_7～Q_0的狀態。繼續按，且每次都記錄數值，若再按下去，全部輸出變為 0，則最後看到的那個數再加 1 就是N了。最後數值＝_____？$N =$ _____？

四、圖 4-14　除 M 電路

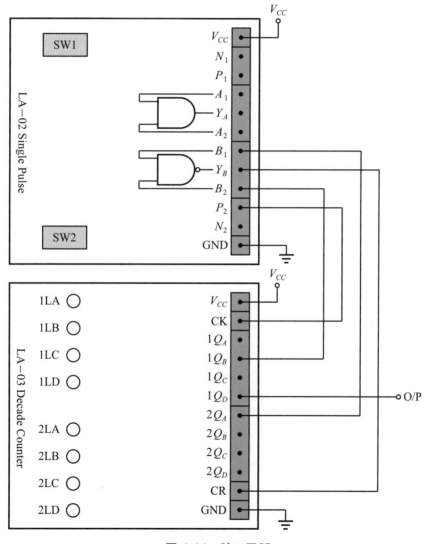

圖 4-14　除M電路

　　本來要用 LA-06 做實驗但卻用錯，用到 LA-03；因 LA-03 是十進制，LA-06 是二進制，在相同的接線情況下，一定會有不同的結果。請分析圖 4-14 是除多少的電路？M = _____？

如果用 LED 代表數值不太容易看懂，您可以把 LA-05 七段顯示器拿來用，就能直接看到數目的大小是多少了？(請看圖 4-15)

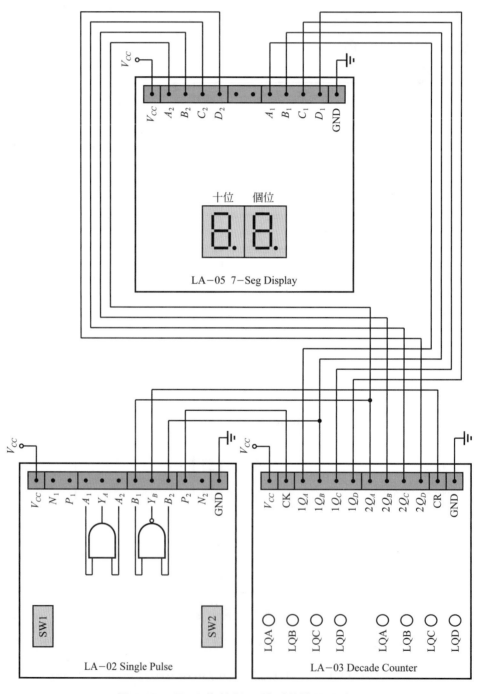

圖 4-15 多 10 條線卻可看到數值是多少

看圖 4-15 的接法，好像很複雜，其實不然，圖 4-15 的接法只比圖 4-14 多了 10 條線。多接 10 條線能完成一項方便的功能，那是很值得的。

4-5　應用參考一：跑馬燈 74138 的實驗

接下來各實驗範例，都將把實驗模板當輔助工具以提升實驗的規模和方便性。首先我們以跑馬燈的範例來說明，實驗模板所擔任的角色。

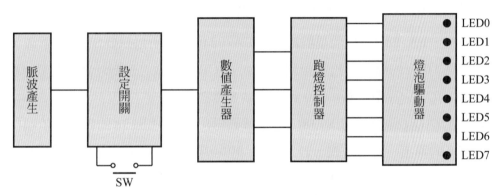

圖 4-16　跑馬燈的方塊圖

一、想一想

有 8 個燈泡(LED)希望它能一個接一個亮。就必須要有燈泡驅動器，以便有足夠的電流驅動 LED。而要那一個 LED 亮，就要用到跑馬燈控制器，使每一次只有一個 LED 亮。到底要那一個 LED 亮就用一個數值代表該 LED，所以也要一個數值產生器。跑燈要不要跑，我們就用 SW 開關來決定。按下 SW，跑燈開始跑，鬆開時則跑燈停在某一個位置，只讓某一個 LED 亮，而跑燈到底要跑多快，就由脈波產生來控制。

1.　脈波產生

　　我們有 LA-04(CLOCK Generator)時脈產生器可以用來產所需要的脈波。

2.　設定開關 SW

　　我們有 LA-02(single-pulse)單一脈波產生器，共兩組。可配合 AND 閘組成設定電路。

3.　數值產生器

　　我們有 LA-06(Binary counter)二進制計數器可以使用，以產生 000、001、……111 共 8 個數值，以代表 8 個跑燈，LED0～LED7。

4. 跑燈驅動器

我們有 LA-01(Logic Indicator)8 位元邏輯指示器可以使用，以代表 LED0～LED7 8 個跑燈。

二、實驗接線

圖 4-17 看起來好像滿複雜的，但您若算一算它的接線，總共才 28 條線。就能完成跑馬燈電路的實驗。

LA-04 因 SW = 0，所以 CLOCK 由 IN 輸入，於 F_2 將得到 10Hz，代表跑燈每 $\frac{1}{10}$ 秒換另一個亮。LA-04 10Hz 的信號 F_2 接到 LA-02 的 A_2，所以只要 SW1 按下去，則 Y_A 就得到頻率為 10Hz 的脈波。Y_A 又接到 LA-06 的 CK，當做二進制計數器的 CLOCK。所以 LA-06 的 $Q_2Q_1Q_0$ 將得到由 000 到 111 共 8 種數值。

LA-06 的 $Q_2Q_1Q_0$ 接到 74LS138(3 對 8 解碼器)。則 74LS138 的輸出將依順由 Y_0～Y_7 產生邏輯 0 的輸出。意思是說，若 CBA = 000，則 $Y_0 = 0$，其它的輸出均為 1。相對的因 LA-01 是輸入為 1 時 LED 亮，所以在 LA-01 上您應該看到的是，只有一個 LD0 不亮(代表該 $Y_0 = 0$)，其它都會亮。所以用 LA-01 當驅動器的時候，是看到一個不亮的 LED，順著一起跑。相當方便，只用了一個 IC，實驗容易也省材料。

三、動作說明(看圖 4-17)

1. 按下 SW1→LA-06 的 $Q_2Q_1Q_0$。一直由 000～111 交互變化。則 LED 一直在跑而形成跑燈現象。

2. 鬆開 SW1→跑燈不動，停在某一個位置。

3. 按下 SW2→所有 LED 都亮，您說這是為什麼？

四、接線比較(看圖 4-18)

試比較圖 4-17 和圖 4-18 的接線，您將發現使用數位實驗模板以後，真的可以減少太多太多的接線，相對減少接線錯誤或接線不良的機會。使得您的實驗能夠進行得更有效率。上述有關各線路圖及圖中的 IC，於各種數位課本或資料手冊均有。且我們也會逐章討論每一個 IC 的功能和使用方法。這些完整的線路只為了做接線上的比較。有關詳細的分析您可參閱相關的說明。

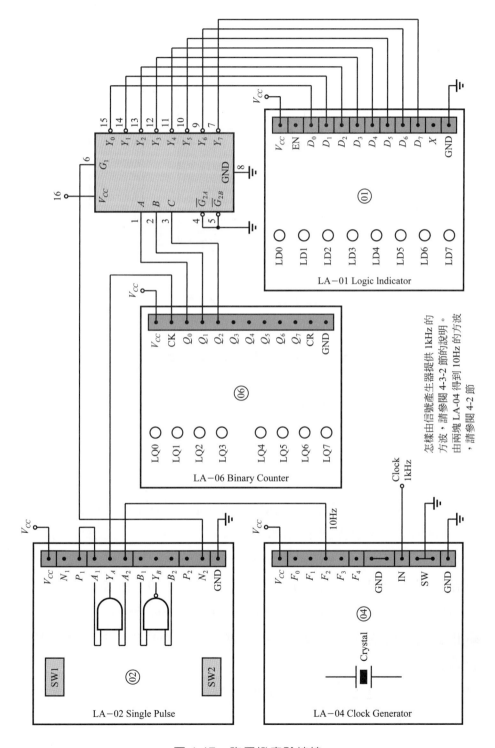

圖 4-17　跑馬燈實驗接線

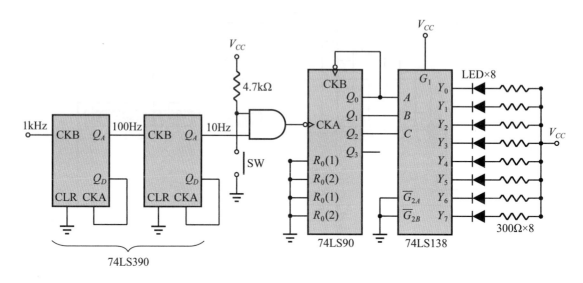

圖 4-18　跑馬燈接線圖

4-6　應用參考二：脈波計數實驗 74LS160

為了了解 74LS160 的動作原理，我們特地規劃如下的一個實驗。想做實驗就必須要有工具，而目前我們有那些工具可以用呢？這個實驗應該怎麼進行呢？首先：

1. 找到 74LS160 的接腳圖及真值表或時序圖。
2. 要有信號產生器，且需是單步執行，以便看清楚每一次動作的情形和結果。
3. 要有示波器或電錶，以偵測每一次執行的結果，最好是能同時監測四～八個點。

對 74LS160 而言，是十進制同步計數器，為 16 支腳的 IC，其接腳可概分為四大類：

1. CLOCK：時脈輸入腳，任何計數器都有這支腳。
2. 控制線：共有四種$\overline{CLR}$(清除)、$\overline{LD}$(載入)、ENT、ENP(致能)。
3. 輸入線：A、B、C、D 四支腳，它是怎麼把資料輸入到 Q_A、Q_B、Q_C、Q_D？
4. 輸出線：計數器輸出 Q_D、Q_C、Q_B、Q_A 數值是多少到多少？RCO 又是一支怎麼的接腳呢？

這個實驗最重要的是怎麼使用控制線及了解它是前緣觸發，還是後緣觸發。我們將借重實驗模板，以輔助實驗的進行，並且達到按開關看結果的境界。

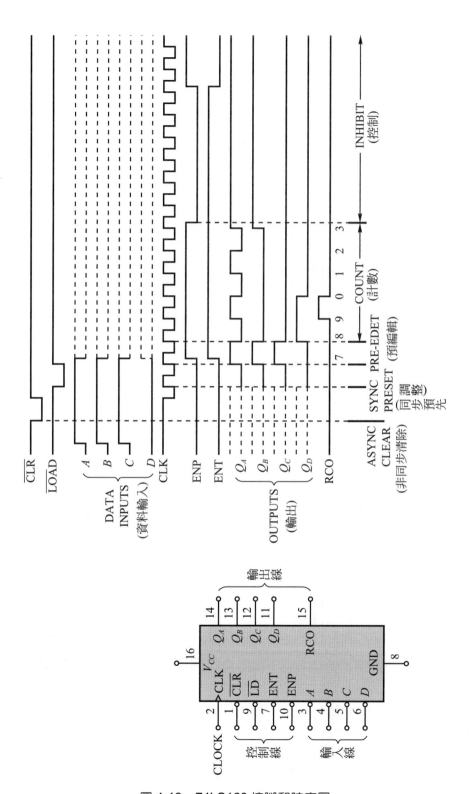

圖 4-19　74LS160 接腳和時序圖

一、說明(看圖 4-20)

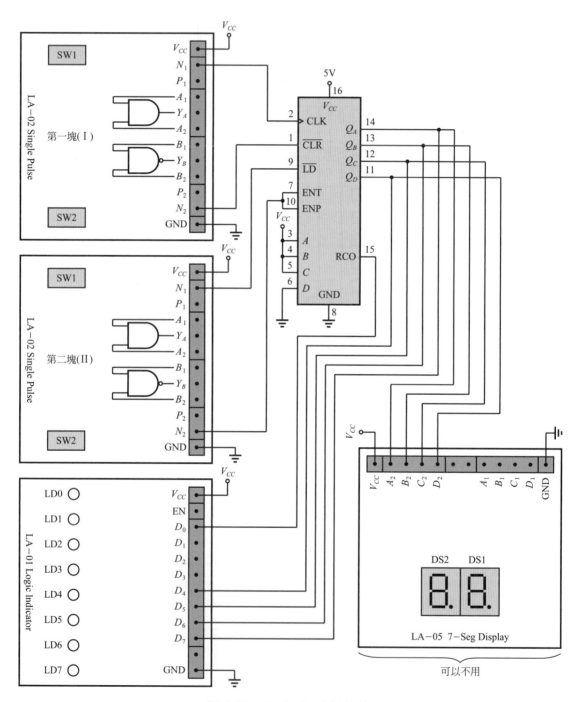

圖 4-20　74LS160 實驗接線

1. LA-02(第一塊 I)：SW1 負責產生 CLOCK(時脈)。由N_1接到 CLK；SW2 負責產生清除信號，由N_2接到$\overline{CLR}$。

2. LA-02(第二塊 II)：SW1 負責產生載入信號，由N_1接到$\overline{LD}$；SW2 負責產生致能信號，由N_2接到 ENT 和 ENP。

3. LA-01：當示波器，監看 74LS160 的輸出狀態。LD0 監看 RCO、LD4、LD5、LD6、LD7 監看$Q_DQ_CQ_BQ_A$的狀態。

4. LA-05：監看$Q_DQ_CQ_BQ_A$，並以數字顯示出來。

二、實驗步驟

假設開始做實驗時$Q_DQ_CQ_BQ_A = 0011$，則顯示的數字為 3。

表 4-2

動作	Q_D	Q_C	Q_B	Q_A	LD4	LD5	LD6	LD7	RCO	LD0	數值	說明	
啟始	0	0	1	1	×	×	亮	亮	0	×	3		
按住(I)SW1	0	0	1	1	×	×	亮	亮	0	×	3	N_1由 1 變成 0	①
鬆開(I)SW1	0	1	0	0	×	亮	×	×	0	×	4	N_1由 0 變成 1	②
按一下(I)SW1	0	1	0	1	×	亮	×	亮	0	×	5		
按一下(II)SW1	0	1	1	1	×	亮	亮	亮	0	×	7	相當於$\overline{LD}=0$	
按一下(I)SW1	1	0	0	0	亮	×	×	×	0	×	8	加一個 CLOCK	
按一下(I)SW1	1	0	0	1	亮	×	×	×	1	亮	9	加一個 CLOCK	③
按一下(I)SW1	0	0	0	0	×	×	×	×	0	×	0	加一個 CLOCK	④
按一下(I)SW1	0	0	0	1	×	×	×	亮	0	×	1	加一個 CLOCK	

表 4-2　(續)

動作	Q_D	Q_C	Q_B	Q_A	LD4	LD5	LD6	LD7	RCO	LD0	數值	說明	
按一下(I)SW1	0	0	1	0	×	×	亮	×	0	×	2	加一個 CLOCK	
按一下(I)SW1	0	0	1	1	×	×	亮	亮	0	×	3	加一個 CLOCK	
按一下(I)SW2	0	0	0	0	×	×	×	×	0	×	0	相當於 $\overline{CLR}=0$	⑤
按一下(I)SW1	0	0	0	1	×	×	×	亮	0	×	1	加一個 CLOCK	
按一下(I)SW1	0	0	1	0	×	×	亮	×	0	×	2	加一個 CLOCK	
壓住(II)SW2	0	0	1	0	×	×	亮	×	0	×	2	相當於 $\begin{matrix}ENP=0\\ENT=0\end{matrix}$	⑥
按一下(I)SW1	0	0	1	0	×	×	亮	×	0	×	2	$\begin{matrix}ENP=0\\ENT=0\end{matrix}$無法計數	
再按(I)SW1	0	0	1	0	×	×	亮	×	0	×	2	$\begin{matrix}ENP=0\\ENT=0\end{matrix}$無法計數	
放開(II)SW2	0	0	1	0	×	×	亮	×	0	×	2	相當於 $\begin{matrix}ENP=1\\ENT=1\end{matrix}$	⑦
按一下(I)SW1	0	0	1	1	×	×	亮	×	0	×	3	加一個 CLOCK	
⋮	⋮	⋮	⋮	⋮	⋮	⋮	⋮	⋮	⋮	⋮	⋮	⋮	

三、討論

1. 在①、②的步驟中，我們發現 N_1 由 1 變到 0，輸出沒有改變，而當 N_1 由 0 變到 1 的時候，輸出由 3 變成 4。這代表了 74LS160 是一個前緣觸發的計數器。

2. 在③的時候，計數值為 9，表示該計數器由 0 算到 9，代表第 $(10)_{10}$ 個狀態，則此時 RCO = 1。意思是說當 $Q_D Q_C Q_B Q_A = 1001 = 9$ 的時候 RCO = 1。所以 RCO 可以用來當做進位串接使用，便能組成個、十、百、千……的計數器。

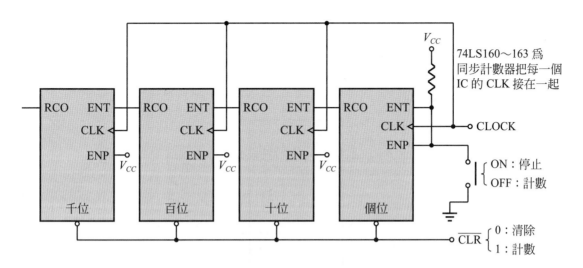

圖 4-21　74LS160 串接

3. 在③、④時，③為 **9**，④為 **0**，代表這是一個十進制的計數 IC。

4. 在⑤的時候，按一下(Ⅰ)的 SW2，相當於在N_2得到一個負脈波，且加到 74LS160 的$\overline{CLR}$，使得 74LS160 做清除的工作，則$Q_DQ_CQ_BQ_A = 0000$，所以顯示數值為 **0**。

5. 在⑥的時候，壓住(Ⅱ)的 SW2，則 ENT = ENP = 0，表示不能計數所以再按(Ⅰ) SW1 產生 CLOCK 也是無法改變$Q_DQ_CQ_BQ_A$的狀態，故一直為 **2**。

6. 在⑦的時候，鬆開(Ⅱ)的 SW2，則 ENT = ENP = 1，表示可以繼續計數了，所以數值由 **2** 變成 **3**。

4-7　應用參考三：上下計數實驗 74LS192

要做這個實驗，所要準備的事項和做 74LS160 的實驗一樣，我們把接腳圖和序圖整理於下：

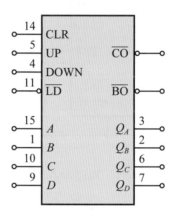

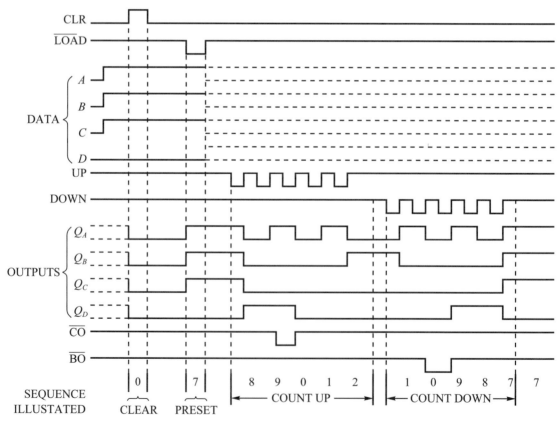

圖 4-22　74LS192 接腳與時序圖

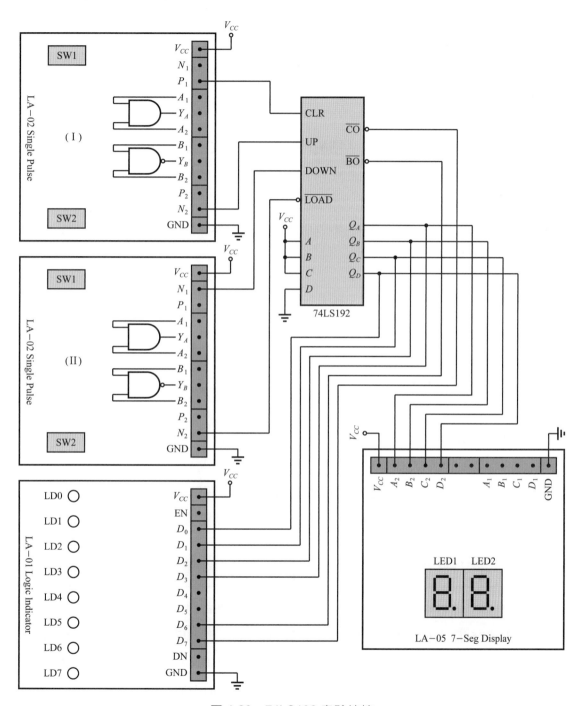

圖 4-23　74LS192 實驗接線

若一開始$Q_DQ_CQ_BQ_A = 0011$時，顯示的數字為 **3**。請回答下列問題，並思考一下，還有那些 IC 可以做上、下計數。

1. 按一下 LA-02(Ⅰ)的 SW1，則P_1得到一個正脈波，結果如何？
    (1) 做什麼動作：_____
    (2) 結果如何？：_____

2. 按五下 LA-02(Ⅰ)的 SW2，則N_2得到五個負脈波，結果如何？
    (1) 做那些計數：_____
    (2) 結果如何？：_____

3. 按一下 LA-02(Ⅱ)的 SW2，則N_2產生一個負脈波，結果如何？
    (1) 做那種動作：_____
    (2) 結果如何？：_____

4. 按一下 LA-02(Ⅱ)的 SW1，則N_1產生一個負脈波，結果如何？
    (1) 做什麼動作：_____
    (2) 結果如何？：_____

5. 什麼時候$\overline{CO} = 0$？
    答：$\overline{CO} = 0$，$Q_DQ_CQ_BQ_A =$ _____

6. 什麼時候$\overline{BO} = 0$？
    答：$\overline{BO} = 0$，$Q_DQ_CQ_BQ_A =$ _____

7. 還有那些 IC 可以完成上、下計數的功能？(請參閱第七章)

8. 怎樣把四個 74LS192 串接成個、十、百、千的計數電路？

4-8　應用參考四：大家一起來搶答(74LS75)

若我們想了解閂鎖器或 D 型正反器的使用方法，則可以由這個實驗得到驗證。

對 74LS75 而言，它是一顆四位元的閂鎖器，該注意的事項為它的V_{CC}和 GND 並非常用的 pin16 和 pin8，而是 pin5 和 pin12，請勿用錯。pin13(1C2C)是控制 1D、2D 的輸入，pin4(3C4C)是控制 3D、4D 的輸入，即 pin13(1C2C) = 0 時，1D、2D 的資料無法進入。pin4(3C4C) = 0 時 3D、4D 的輸入禁能。

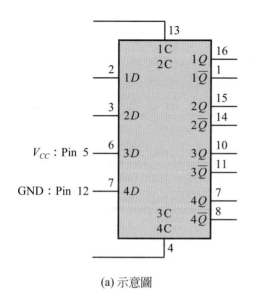

D	C	Q	$\overline{Q}$	說明
L	H	L	H	在 $C=H$ 時，$D=L$、$Q=L$
H	H	H	L	在 $C=H$ 時，$D=H$、$Q=H$
X	L	Q_0	$\overline{Q}_0$	在 $C=L$ 時，Q 的狀態不變

D 代表：$1D \sim 4D$
C 代表：$(1C2C)$ 和 $(3C4C)$

(a) 示意圖　　　　　　　　　　　　　　　(b) 功能表

圖 4-24　74LS75 相關資料

一、動作分析(參考圖 4-25)

　　還沒比賽時，SW1～SW4 為 N.O 接點，全部都 OFF、SW5 為 N.C 接點，一開始為 ON，則 $(1D \sim 4D) = 1$、$(1Q \sim 4Q) = 1$、$(\overline{1Q} \sim \overline{4Q}) = 0$，經反相器反相，反相器的輸出為 1，所有 LED 都不會亮。此時 G_3 的輸出為 $(1Q \cdot 2Q) \cdot (3Q \cdot 4Q) = (1 \cdot 1) \cdot (1 \cdot 1) = 1$，$Y = 1$，即 $(1C2C) = (3C4C) = 1$。74LS75 可以當做閂鎖器使用。

　　開始比賽假設 SW2 最快壓到(即 SW2 搶到第一)。此時 $2D = 0$，則 $2Q = 0$、$\overline{2Q} = 1$，則 LED2 ON。就在這一瞬間，$Y = (1Q \cdot 2Q) \cdot (3Q \cdot 4Q) = (1 \cdot 0) \cdot (1 \cdot 1) = 0$，使得 $(1C2C) = (3C4C) = 0$，將使 1D、2D、3D、4D 無法進行閂鎖的動作。意思是說，在 $2D = 0$ 時，已經把 $2D = 0$ 鎖在 $2Q = 0$，同時關閉輸入大門，$2D = 0$ 那一瞬間以後，所有輸入都無法再進入閂鎖器之中。即只有 LED2 ON，就知道搶到第一的是 SW2。

　　當把 SW5 OFF 一下，又恢復 $1Q = 1$、$2Q = 1$、$3Q = 1$、$4Q = 1$、$Y = 1$，則就可再進行下一輪迴的比賽。所以 SW5 是重置開關。

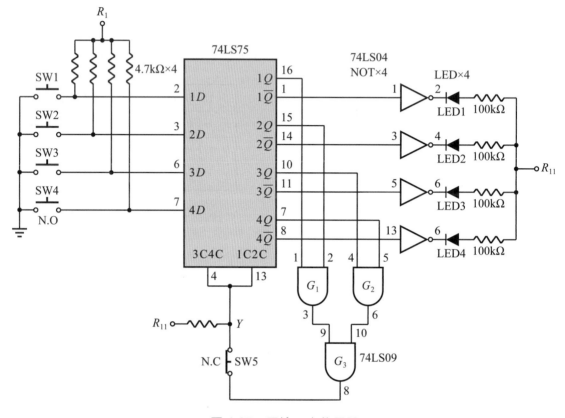

圖 4-25　四搶一完整電路

二、接線檢討

　　這樣的電路您必須在麵包板上插三顆IC，74LS75、74LS09、74LS04和四個LED及9個電阻和5個開關。一則接線太多，再則零件也用得多。若用實驗模板當做輔助工具，將使接線減少，也省材料費，最重要的是您可以隨心所欲，自由發揮。

　　如圖 4-26 只用一顆 74LS75，一個 SW5 和一個 4.7kΩ的電阻就能配合實驗模板 LA-02 和 LA-01 而完成這個實驗，接線減少、零件也減少，真是一舉兩得。

　　LA-02(Ⅰ)和LA-02(Ⅱ)的N_1、N_2平常為邏輯 1，所以 74LS75 的1D、2D、3D、4D 都是 1，則在1Q、2Q、3Q、4Q也是 1 的情況下，$\overline{1Q}$、$\overline{2Q}$、$\overline{3Q}$、$\overline{4Q}$都是 0，則LD0〜LD3 都不亮。此時Y為$\overline{\overline{(1Q \cdot 2Q)} \cdot \overline{(3Q \cdot 4Q)}} = (1Q \cdot 2Q) \cdot (3Q \cdot 4Q)$，如圖 4-27 所示，SW5 按下去時，Y=1，則 1C2C=3C4C=1。

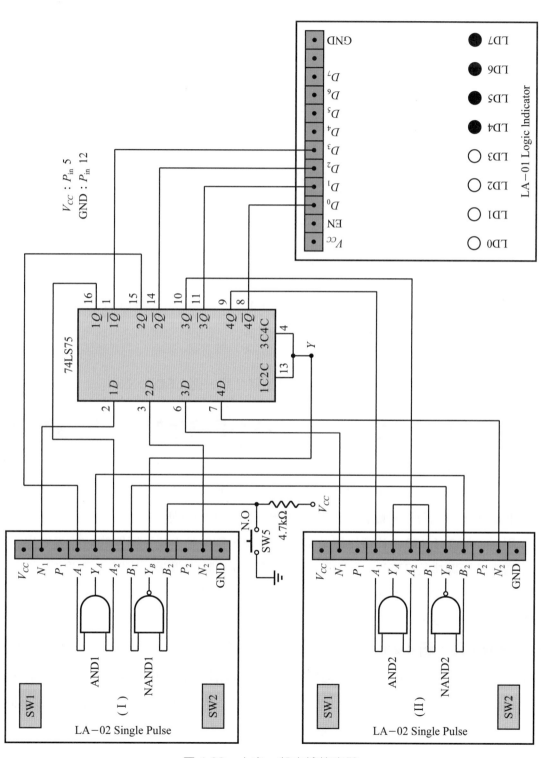

圖 4-26　大家一起來搶答實驗

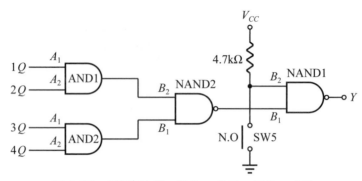

圖 4-27　Y的產生$Y = (1Q \cdot 2Q) \cdot (3Q \cdot 4Q)$

三、討論

1. SW5 按一下，結果如何？(SW5 由 OFF 變成 ON 一次)

   答：$(1Q、2Q、3Q、4Q)$＝＿＿＿＿＿，Y＝＿＿＿＿＿，那個LED ON＝＿＿＿＿＿。

2. 若 LA-02(I)的 SW2 最先按下去，結果如何？

   答：$(1Q、2Q、3Q、4Q)$＝＿＿＿＿＿，Y＝＿＿＿＿＿，那個LED ON＝＿＿＿＿＿。

3. 若把 74LS75 改成 74LS74，結果如何？

   答：＿＿＿＿＿＿＿＿＿。

4. 比賽完畢後，再按一下 SW5，結果如何？那一個 LED ON＝＿＿＿＿＿。

4-9　應用參考五：正反器實驗(前緣、後緣說明)

　　數位 IC 的應用中，正反器及其組成電路(如計數器、移位暫存器……等)所佔的份量非常大。於後面的章節中我們會專章討論正反器的原理及其應用，於今正反器實驗僅是一個範例，只為說明實驗模板能提供您更多使用上的方便。

　　用了一個 74LS73 J-K 正反器及接了八條線，卻能把 J-K 正反器的功能表做出來，您相信嗎？而圖中的 SW3，並非真正拿一個 N.O 接點的開關來使用。只要拿一條略長的單芯線，一邊接地，另外一邊留著當開關使用，只要碰一下 74LS73 的 $1\overline{CLR}$(pin2) 就代表按了一次 SW3。

一、實驗步驗：圖 4-28

1. 一切從頭開始按 SW2，直到 LQ0，LQ1 都不亮，則代表 LA-06 的$Q_0 = 0$、$Q_1 = 0$，即 74LS73 的$1J = 0$、$1K = 0$。再按SW3，使LD4亮，LD6不亮，則代表$1Q = 0$、$\overline{1Q} = 1$。此乃設定初值也。

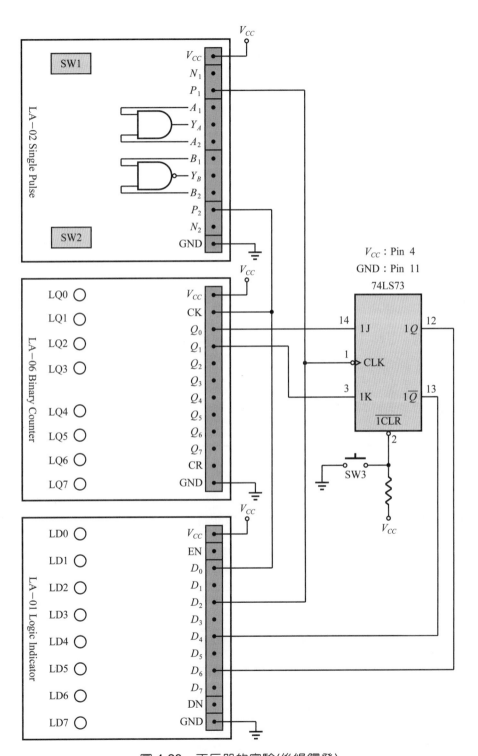

圖 4-28 正反器的實驗(後緣觸發)

2. 實驗開始

表 4-3

實驗動作	LD2	CLK	LQ0	LQ1	1J	1K	LD6	LD4	1Q	$\overline{1Q}$	說明
初值狀態	×	0	×	×	0	0	×	亮	0	1	此時 1J=0、1K=0，1Q=0、$\overline{1Q}$=1
壓住 SW1	亮	↑1	×	×	0	0	×	亮	0	1	}表示 1J=1K=0，1Q、$\overline{1Q}$
放開 SW1	×	↓0	×	×	0	0	×	亮	0	1	}不變
按一下 SW2	×	0	亮	×	1	0	×	亮	0	1	}設定 1J=1、1K=0
壓住 SW1	亮	↑	亮	×	1	0	×	亮	0	1	}CLK的前緣無法觸發，狀態不變
放開 SW1	×	↓	亮	×	1	0	亮	×	1	0	}CLK的後緣時，1J=1、1K=0，則 1Q=1、$\overline{1Q}$=0
按一下 SW2	×	0	×	亮	0	1	亮	×	1	0	}設定 1J=0、1K=1
按一下 SW1	閃	↑↓	×	亮	0	1	×	亮	0	1	}觸發一次，且 1J=0、1K=1，則 1Q=0、$\overline{1Q}$=1
按一下 SW2	×	0	亮	亮	1	1	×	亮	0	1	}設定 1J=1、1K=1
按一下 SW1	閃	↑↓	亮	亮	1	1	亮	×	1	0	}在 1J=1K=1時，觸發一次輸出就改變一次
按一下 SW1	閃	↑↓	亮	亮	1	1	×	亮	0	1	

※註：×代表不亮，閃代表 LED 亮一下

二、實驗結果

如果我們把這種按開關，看結果，及所做記錄整理一下，將可得到如下的真值表：

表 4-4　真值表的整理

$\overline{CLR}$	1J	1K	CLK	1Q	$1\overline{Q}$	說明
0	×	×	×	0	1	在 $\overline{CLR}$=0 時，是做清除 1Q=0、$1\overline{Q}$=1
1	0	0	↓	Q_0	$\overline{Q_0}$	表示在 1J=1K=0 時，輸出不變
1	0	1	↓	0	1	表示在 1J=0、1K=1 時，1Q=0、$1\overline{Q}$=1
1	1	0	↓	1	0	表示在 1J=1、1K=0 時，1Q=1、$1\overline{Q}$=0
1	1	1	↓	TOGGLE		表示在 1J=1K=1 時，狀態反轉

代表 CLK 後緣觸發 ◄——

——— Q_0 代表和上次狀態相同
——— TOGGLE 代表和上次狀態相反

三、實驗討論

1.　有了 LA-02(Single Pulse)單一脈波產生器，我們能很清楚地看到前緣和後緣觸發的不同。

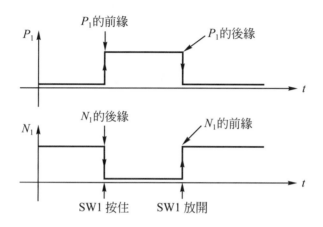

圖 4-29　LA-02 得到前緣與後緣的情形

2.　74LS73 是那一種觸發呢？

3.　如果把兩個正反器加以串接，試問下圖 Q_0 和 Q_1 如何？

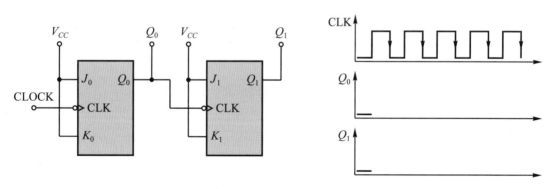

圖 4-30　請繪出串接的 Q_0 和 Q_1

4-10   應用參考六：馬達轉速計(綜合應用)

1. 怎樣知道馬達轉了一圈

　　　要測馬達的轉速，首先要知道用什麼信號代表馬達已經轉了一圈。目前有許多方法可用來偵測馬達旋轉的情形。

(1) 用微動開關

　　　當馬達轉一圈時，都會把微動開開按一次，然後再由G_1、G_2清除微動開關的彈跳現象，則於G_1、G_2將得到一個負脈波和一個正脈波，我們就可以計算脈波個數，求出馬達旋轉的轉速是多少？

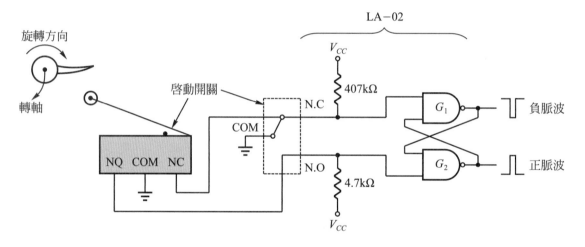

圖 4-31　馬達旋轉偵測(一)

(2) 用磁性編碼器

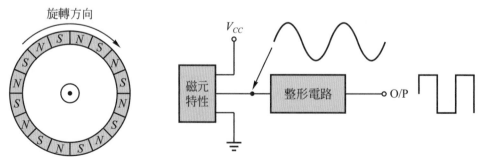

圖 4-32　磁性旋轉偵測

這種用磁性感測元件所做成的旋轉偵測器，最大的好處是非接觸式的偵測。有關這方面的資料，請參閱全華圖書，書號：0295902 "感測器應用與線路分析(第三版)"，或其它相關書籍均有介紹。

(3)　光電編碼器

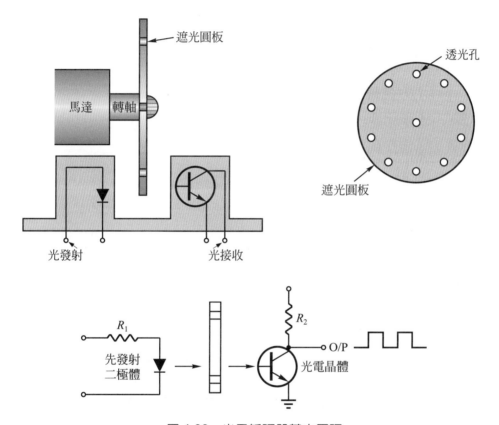

圖 4-33　光電編碼器基本原理

它是以光電元件完成馬達旋轉的偵測，當在透光的時候，光電晶體接收到光源而導通，在遮光的情況，光電晶體不通，也就是說馬達旋轉的時候，光電晶體一直重覆 ON、OFF 的動作，使得輸出(O/P)一直處於邏輯 1 和邏輯 0 交互變化，所以 O/P 得一連串的脈波。目前有$(10)_{10}$個透光孔，即每$(10)_{10}$個脈波就代表轉一圈。

光電編碼器的觸析度已經高達每轉一圈輸出 1024 個脈波，甚致達 4096 的解析度。相當於把 360°分成 4096 等分，您能想像這麼細的分割是有多密

嗎？若想自製一組簡易光電編碼器，可參閱拙著 "感測器應用與線路分析(修訂版)"，第十六章。

2. 馬達轉速的單位是什麼？

　　一般馬達轉速都以 rpm(每一分鐘轉幾圈)。但若以一分鐘的時間去測馬達轉速，您會認為時間太長了。所以我們將以 6 秒鐘當做量轉速的期間，則

$$\text{rpm} = \text{rps} \times 60 = \frac{N}{6\,秒} \times 60\,秒 \bigм/ 分 = N \times 10$$

　　rps：每秒鐘轉幾個
　　N ：6秒計算到的圈數

3. 轉速計控制信號怎麼安排？

　　計數時間為 T，計數停止時，把所算到的脈波數 N，存入閂鎖器中，並由數字顯示器顯示出來。接著把 N 清除成 0，以預備再次的計數。假設所測到的 N = 3654、3655、3654、3653、3655……即表示該顆馬達轉速每一分鐘有 1～2 轉的誤差。

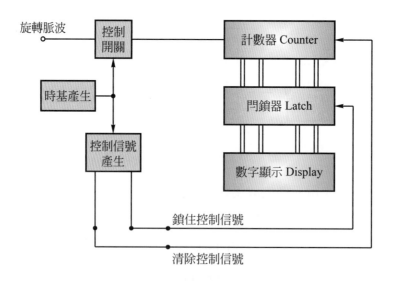

圖 4-34　轉速計系統方塊圖

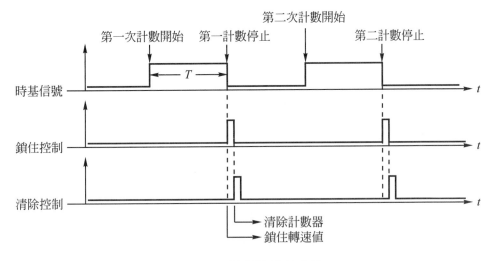

圖 4-35　控制信號的安排

4.　硬體線路架構大概怎樣？

　　　　從圖 4-36 硬體架構來看，IC 和顯示器加起來少則要 16 個多則要 24 個。大約要接 200 條線～300 條線才能完成這個線路。

5.　借重實驗模板完成電路設計

　　　　圖 4-37 馬達轉速計看起來好像很龐大，但若用一般 IC 來組成的時候，線路一樣但接線卻要增加 4～6 倍之多。這麼大的一個線路，只要把實驗模板拿來當輔助工具將使實驗的進行更容易、更快也更有彈性。接著我們把實驗模板及 IC 加以編號，然後逐一說明圖(4-37)為什麼能完成馬達轉速的量測。

(1)　PCB1：由 LA-04 產生 1kHz 的方波。

(2)　PCB2：因此時 LA-04 的 SW = 0，IN = 1kHz，所以 F_3 = 1Hz。

(3)　PCB4：LA-06 的輸入 CK 是接到 PCB2 的 F_3 = 1Hz，同時把 Q_2Q_1 接到 PCB3 的 AND 閘 A_1 和 A_2。由該 AND 的輸出經反相器 G_1 反相，再接回 PCB4(LA-06) 的 CR 當清除控制信號。所以當 $Q_2Q_1Q_0$ = 110 的時候，會把 PCB4(LA-06) 清除為 0。所以目前 PCB4(LA-06) 是一個除 6 的電路，則 Q_2 的週期將為 6 秒鐘，再把 Q_2 接到 PCB5 的 CK。

(4) PCB5：LA-06 的輸入 CK 是接到 PCB4 的 $Q_2 = \frac{1}{6}$Hz，將使得 PCB5 的 Q_0 把 $\frac{1}{6}$Hz 再除以 2，而變成 $\frac{1}{12}$Hz，相當於 PCB5 Q_0 的週期為 12 秒的方波。即 PCB5 的 Q_0 有 6 秒鐘邏輯 1，6 秒鐘邏輯 0。

(5) PCB1～PCB5：從上述的分析我們知道，使用 PCB1～PCB5 組成了計數的 時基信號。這樣的組合，都不必用到外加的 IC 算是相當方便的應用。

(6) PCB6，PCB7：兩塊 LA-03(十進制計數器)組成可以計數 0000~9999 的四位 數計數器

(7) PCB8、PCB9：七段顯示器，分別顯示轉速的千、百、十、個位數字。

(8) IC1、IC2：八位元閂鎖器，用以鎖住正確的轉速值。

(9) IC3、IC4：用此產生清除和鎖住的制信號。

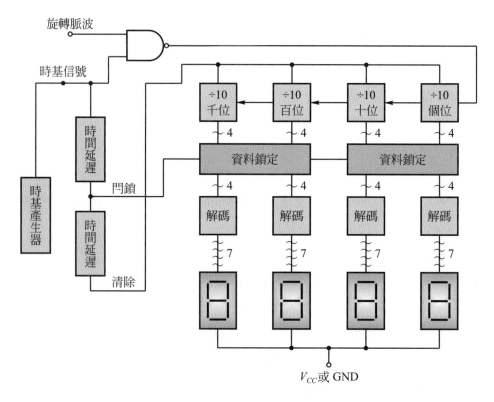

圖 4-36　馬達轉速計硬體架構

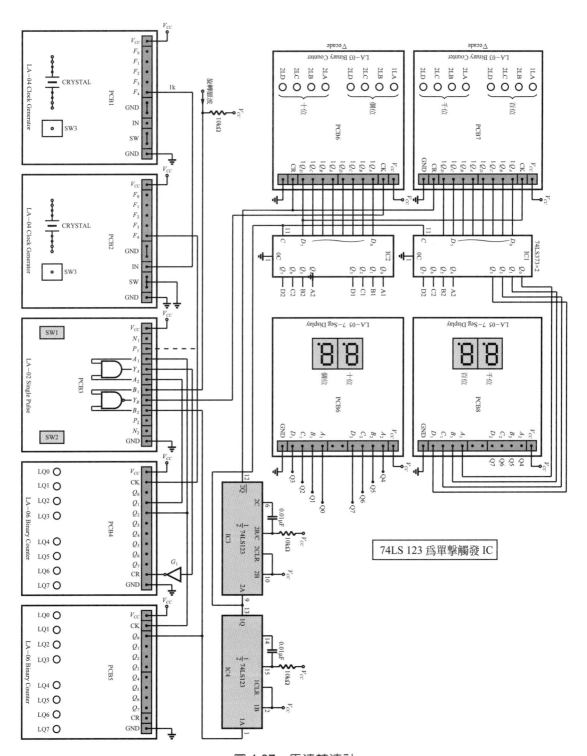

圖 4-37　馬達轉速計

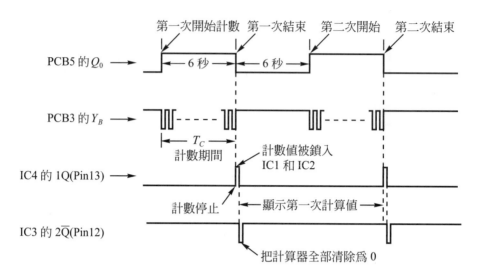

圖 4-38　重要波形說明

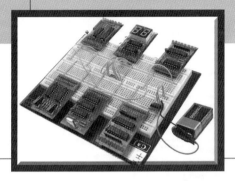

Chapter 5

為自己做一支實用型
邏輯測針

5-1   問題思考與解答

◼ 問題思考

1. 邏輯測針要測什麼？

2. 邏輯 1 和邏輯 0 各代表什麼？

3. 怎樣判斷所測之點為邏輯 1 或邏輯 0？

4. 要用什麼樣的零件完成邏輯準位的判斷？

● 問題解答

1. 邏輯電路中是以電壓的高低代表邏輯狀態，常用的為「正邏輯」，高電壓為邏輯 1，低電壓為邏輯 0。但為什麼不用電阻大小或電流大小代表邏輯狀態呢？

2. 多高的電壓才代表邏輯 1，多低的電壓才代表邏輯 0 呢？

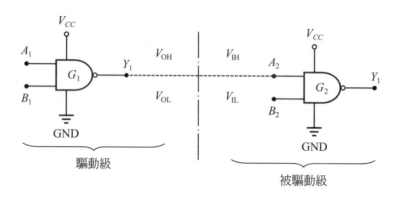

圖 5-1　邏輯狀態說明之接線圖

　　G_1的輸出Y_1，當$Y_1 = 1$時的電壓值為V_{OH}，當$Y_1 = 0$時的電壓值為V_{OL}，把G_1的輸出Y_1接到G_2的輸入A_2時，G_1稱為驅動級，G_2稱為被驅動級。此時G_2必須做一件很重要的工作：判斷G_1所送過來的狀態是邏輯 1 或是邏輯 0。所以G_2的輸入端可以被看成具有「電壓比較功能」。G_2輸入端電壓比較的標準為V_{IH}和V_{IL}。

(1)　$V_{OH} > V_{IH}$時，G_2把G_1的輸出認定為邏輯 1。

(2)　$V_{OL} < V_{IL}$時，G_2把G_1的輸出認定為邏輯 0。

　　相當於每一個數位IC的輸入端，都有判斷邏輯 1 或邏輯 0 的標準電壓V_{IH}和V_{IL}，既然是標準就應該是幾乎不變的電壓值。

　　例如 74××× TTL 數位 IC 的V_{IH}和V_{IL}，大約都是$V_{IH} \approx 2.0V \sim 2.4V$，$V_{IL} \approx 0.7 \sim 0.8V$。但$V_{OH}$和$V_{OL}$會隨被驅動級的數目而改變。若$V_{OH}$變小，小到$V_{OH} < V_{IH}$，或$V_{OL}$變大，大到$V_{OL} > V_{IL}$時，$G_2$將無法判斷$Y_1$到底是邏輯 1 或邏輯 0。

> ＊所以使用數位IC時，必須避免發生$V_{OH} < V_{IH}$，或$V_{OL} > V_{IL}$的情形。
> 將可能造成數位電路「當機」。

3.　要判斷數位電路中各點的邏輯狀態，可以使用三用電錶的電壓檔(DC)測量各待測點的電壓。但因數位電路中，各點並非都是固定電壓值，可能(大部份)該點為時脈(CLOCK)或邏輯 1 與邏輯 0 不定時變化的狀態。會使三用電錶所量測到的電壓值，無法顯示真正的邏輯狀態。所以要判斷邏輯狀態時，最好能夠達到：

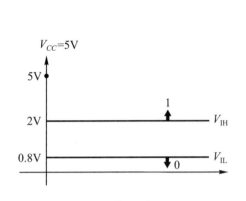

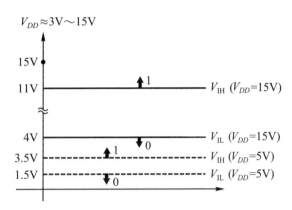

(a) TTL 的 V_{IH} 和 V_{IL}　　　　　　　(b) CMOS 的 V_{IH} 和 V_{IL}

圖 5-2　TTL 和 CMOS 的 V_{IH} 和 V_{IL}

(1)　所測電壓大於 V_{IH} 時，視爲邏輯 1。

(2)　所測電壓小於 V_{IL} 時，視爲邏輯 0。

(3)　所測電壓在 V_{IL} 和 V_{IH} 之間時，視爲狀態不明。

(4)　所測電壓在 V_{IH} 以上和 V_{IL} 以下交替變化，視爲時脈。

　　怎樣設計一個簡單的電路，而能實現上述(1)、(2)、(3)、(4)的功能，將是培養設計工程師所必經的路程。

4.　邏輯 1 和邏輯 0 分別以 V_{IH} 和 V_{IL} 做爲判斷的依據，相當於只要找到可以做電壓比較的零件，並以 LED 指示所量測的狀態，將成爲測量數位電路或做故障排除的好幫手。

　　最簡單的電壓比較器爲「三角形」符號的零件(IC)，如圖 5-3 所示我們也稱它爲「運算放大器」(OP Amp)。它有一些接近理想電壓放大器的「好特性」。

(1)　輸入阻抗 $R_i = \infty$

　　代表 OP Amp 輸入端，幾乎沒有電流的意思。

(2)　輸出阻抗 $R_0 = 0$

　　代表 OP Amp 輸出端不會有內阻存在(內阻很小)。如此一來 OP Amp 輸出所提供的電壓可視爲理想電壓源。

＊就好像不希望乾電池有內阻，有內阻則消耗電能而發燙。

(3) 放大率$A_{vo} = \infty$

代表只要輸入很小的電壓，輸出將有極大的變化。

> ＊我們就是利用$A_{vo} = \infty$的特性，做爲電壓的比較器的依據。

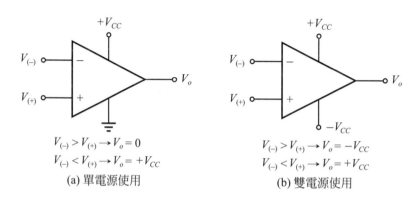

$V_{(-)} > V_{(+)} \rightarrow V_o = 0$
$V_{(-)} < V_{(+)} \rightarrow V_o = +V_{CC}$

(a) 單電源使用

$V_{(-)} > V_{(+)} \rightarrow V_o = -V_{CC}$
$V_{(-)} < V_{(+)} \rightarrow V_o = +V_{CC}$

(b) 雙電源使用

圖 5-3　OP Amp 當電壓比較器的使用方法

所以我們可以直接拿OP Amp來當電壓比較器使用。但所有IC製造公司均把OP Amp分成兩大類，㈠做電壓放大的IC，㈡做電壓比較的IC。這兩種功用的 IC，它們的符號都是像圖 5-3 所示的「三角形」。理論上是可以互換使用，但實際上，因功能的不同而有不同的特性參數。所以必須分類使用

(1) 做放大器使用的 IC：Operational Amplifier

(2) 做比較器使用的 IC：Voltage Comperator

> ＊善用網路資源。請您上網找到 Voltage Comperator
> http://www.alldatasheet.com/

只要是電壓比較器的 IC，都可以拿來做本單元所要設計邏輯測針的基本零件。茲提供數個編號給您，LM311、LM393、LM339。

5-2　電路設計與製作

1. 電壓比較器特性

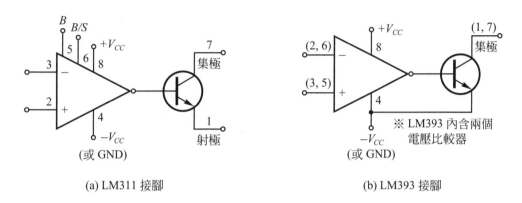

(a) LM311 接腳　　　　　　　　　　　(b) LM393 接腳

圖 5-4　電壓比較器的輸出電路

　　當您上網把 LM311 和 LM393 的資料列印下來後，此雙排並列接腳的產品 (Dual-In-Line Package)，LM311 和 LM393 都是 8 支腳的 IC。但 LM311 只有一個比較器，LM393 有兩個比較器。除了每一個IC內所含的電壓比較器個數不一樣以外，最重要的是它們的輸出電路有所不同。

　　LM311 輸出是把集極和射極都留給使用者自行應用。LM393 只提供集極當輸出。把集極當輸出的IC，我們稱它為「集極開路型」IC。數位IC也有許多是集極開路型的 IC。

> ＊請比較 7404 和 7405 有何差別？
> ＊ 7404 和 7405 都是反相器，使用的技巧何在？

　　集極開路型的 IC，於輸出提供一個「集極沒有接東西」的電晶體給使用者自行應用。並且它能夠承受較大的電流(達 100mA)。普通不是集極開路型的IC，所能承受的電流大都在 10mA 以下。所以集極開路型的 IC，常被拿來當做驅動較大電流負載的緩衝器。從圖 5-4 您也將看到 LM311 和 LM393 可以使用單電源(+ V_{CC}和 GND)及使用雙電源(+ V_{cc}和－ V_{cc})這兩顆 IC 所能承受的± V_{CC}約在 ±3V～ ±15V。

2. 邏輯測針電路設計

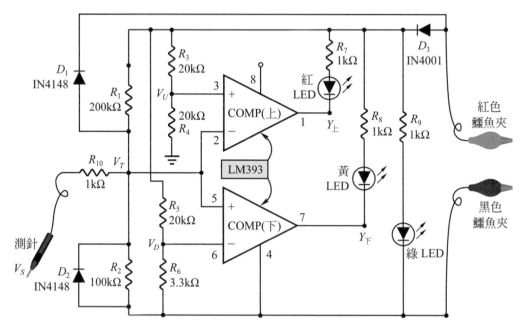

圖 5-5　實用型邏輯測針線路設計與分析

圖 5-5 中是使用 8 支腳，內有兩個電壓比較器的 LM393 當做上限和下限的比較。上限電壓為 V_U，下限電壓為 V_D 參照 TTL IC 的 V_{IH} 和 V_{IL}，得知 $V_{IH} \approx 2V$，$V_{IL} \approx 0.8V$。

$$V_U = \frac{R_4}{R_3 + R_4} \times V_{CC} = 0.5V_{CC}$$

$$V_D = \frac{R_6}{R_5 + R_6} \times V_{CC} = 0.14V_{CC}$$

(1) TTL 使用時，$V_{CC} = 5V$、$V_U = 2.5V$、$V_D = 0.7V$

對照到圖 5-2，$V_U > V_{IH}$、$V_D < V_{IL}$，代表待測電壓 V_S 必須符合：

$V_S > V_U > V_{IH}$……則所測到的邏輯狀態為邏輯 1

$V_S < V_D < V_{IL}$……則所測到的邏輯狀態為邏輯 0

相當於我們所設計的邏輯測針是採更嚴格的標準，一定能測到 TTL 正確的邏輯狀態。

(2)　CMOS 使用時，假設所用的 $V_{CC} = 15V$、$V_U = 7.5V$、$V_D = 2.1V$

對照到圖 5-2，雖然 $V_U < V_{IH}$，可能使邏輯 1 的判斷比較不嚴謹，但因 CMOS IC 的 V_{OH} 大都達到 $V_{OH} \approx V_{CC}$，所以依然可以正確判斷出是否為邏輯 1。而 $V_D(2.1V) < V_{IL}(4V)$，代表邏輯 0 的測試是採更嚴格的標準。

從上述的分析得知，只要把邏輯測針的電源(紅色鱷魚夾和黑色鱷魚夾)接到待測電路的(+ V_{CC} 和 GND)不管是 TTL(5V) 和 CMOS(3V～15V)，這支邏輯測針都可以使用，V_T 為沒有做任何測試時的輸入電壓。

$$V_T = \frac{R_2}{R_1 + R_2} \times V_{CC} \approx \frac{1}{3} V_{CC} ， V_U > V_T > V_D$$

3.　**量測狀況的分析**

(1)　在沒有做任何測量的時候：

當測針沒有做任何量測的時候，代表 V_S 為空接狀態，則 R_{10} 視同開路，各點電壓分別為 $V_U = \frac{1}{2} V_{CC}$、$V_D = 0.14 V_{CC}$、$V_T = 0.33 V_{CC}$，此時電壓比較器的狀態為

上限比較器 COMP(上)：$V_U > V_T$，即 $v_{(+)} > v_{(-)}$，$Y_{上} = 1$，紅 LED OFF。

下限比較器 COMP(下)：$V_T > V_D$，即 $v_{(+)} > v_{(-)}$，$Y_{下} = 1$，黃 LED OFF。

所以在沒有做任何量測的時候，兩個 LED 都不亮。

(2)　當所測的點為「邏輯 0」的時候：

如圖 5-6(a)所示，當測到「邏輯 0」時，理想狀態分析為：

$$V_T = \frac{(R_2 // R_{10})}{R_1 + (R_2 // R_{10})} \times V_{CC} \approx \frac{1k}{200k} \times V_{CC} \approx 0V$$

此時 COMP(上)和 COMP(下)的狀態為

上比較器 COMP(上)：$V_U > V_T$，即 $v_{(+)} > v_{(-)}$，$Y_{上} = 1$，紅 LED OFF。

下比較器 COMP(下)：$V_T > V_D$，即 $v_{(+)} < v_{(-)}$，$Y_{下} = 1$，黃 LED ON。

所以在被測的點為「邏輯 0」時，黃 LED 會亮起來。

(3)　當所測的點為「邏輯 1」的時候：

如圖 5-6(b)所示，當測到「邏輯 1」時，理想狀態分析為：

$$V_T = \frac{R_2}{(R_1 // R_{10}) + R_2} \times V_{CC} \approx \frac{100}{101} \times V_{CC} \approx V_{CC}$$

此時 COMP(上)和 COMP(下)的狀態為

上比較器 COMP(上)：$V_U < V_T$，即 $v_{(+)} < v_{(-)}$，$Y_上 = 0$，紅 LED ON。

下比較器 COMP(下)：$V_T > V_D$，即 $v_{(+)} > v_{(-)}$，$Y_下 = 0$，黃 LED OFF。

所以在被測的點為「邏輯 1」時，紅 LED 會亮起來。

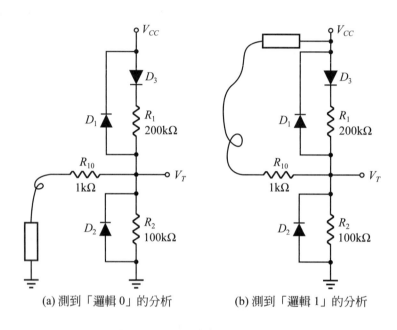

(a) 測到「邏輯 0」的分析　　　(b) 測到「邏輯 1」的分析

圖 5-6　量測狀態之理想分析

(4) 當所測的點為「CLOCK」時脈(方波)的時候：

「CLOCK」時脈，代表該點電壓一直在做變化，若以方波來說明時，H 代表「邏輯 1」，紅色 LED ON。L 代表「邏輯 0」，黃色 LED ON。若所測到的頻率(1 秒鐘的變化次數)超過人眼睛的視覺暫留時間($\frac{1}{20}$ 秒)，將看到兩個 LED 都會亮起來。

總括本次所設計的邏輯測針所有動作，如表 5-1 所示。

表 5-1　量測動作表列說明

量測情形	紅 LED	黃 LED	說明
沒做測量	OFF	OFF	$V_U > V_T$，$V_T > V_D$，$Y_上 = 1$，$Y_下 = 1$
測到邏輯 0	OFF	ON	$V_U > V_T$，$V_T < V_D$，$Y_上 = 1$，$Y_下 = 0$
測到邏輯 1	ON	OFF	$V_U < V_T$，$V_T > V_D$，$Y_上 = 0$，$Y_下 = 1$
測到 CLOCK	ON	ON	1 和 0 交互變化，兩 LED ON

在表 5-1 中，尚有一種情形沒有被列入。當您正做某一點的量測時，但兩個 LED 都不亮，這代表什麼情形呢？

解答：

代表被測點的電壓位於上限 $V_U(V_{IH})$ 和下限 $V_D(V_{IL})$ 之間，即為「不明狀況」。該點電壓可能是邏輯 1，也可能是邏輯 0。

> ＊思考問題：那些因素會造成「不明狀況」的發生？

5-3　製作與測試

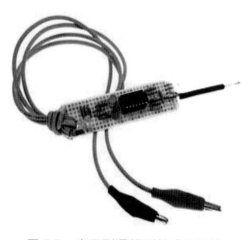

圖 5-7　實用型邏輯測針成品照片

圖5-5的線路中所使用的零件，都是一般電子實驗室都有的電子耗材。在一般電子材料店都一定買得到。總成本約36元～50元(看材料店的良心)。

```
＊親愛的老師：
  把零件都給學生，要求每個人做一支。(回家做)
  往後的相關課程，將使自己更輕鬆。
```

1. 把單面PC板，以裁板機(或鋼鋸)切成約2.5×8公分長條。
2. 給所有零件和焊錫。
3. 分析完電路後，要求一定期間的繳交作品。
4. 作品檢查時，拿一去油性墨水筆，在PC板上做記錄。

```
＊免得一件作品，兩參個人輪流拿來驗收……(無奈也)
```

5. 接上電源，綠LED有沒有亮？YES：_____，NO：_____。

```
＊電源極性接反了，則綠 LED OFF，但電路不會燒掉，因為有$D_3$做
  極性反接的保護。
＊$R_9$1kΩ用成100kΩ，則電流太小，LED也不會亮。
＊LED極性接反了，逆向狀態LED是不會亮的啦！
```

6. 拿一條單芯線，一端接地，另一端碰到：
   (1) 碰上COMP(上)的輸出腳(Pin1)，紅LED必須亮起來，若沒有亮起來，則為R_7太大(1kΩ用成100kΩ)，或紅LED極性接反。
   (2) 碰COMP(下)的輸出腳(Pin7)。黃LED必須亮起來，若沒有亮起來。(您應該知道是那些原因了)。
7. 測各點之標準電壓。
   (1) V_U = _____ V。(V_U約$0.5V_{CC}$；V_{CC} = 5V，$V_U \approx 2.5$V)
       若V_U太大，請看V_U的計算公式，R_3和R_4是否用對了。
   (2) V_D = _____ V。(V_D約$0.14V_{CC}$；V_{CC} = 5V，$V_U \approx 0.7$V)
       若V_D太小，請看V_D的計算公式，R_5和R_6是否用對了。

(3)　$V_T =$ _____ V。(V_T約$0.33V_{CC}$；$V_{CC} = 5$V，$V_T \approx 1.65$V)

若V_T太大或太小，請看V_T的計算公式，R_1和R_2是否用對了。

(4)　測邏輯 0，把測針接到 GND，則$V_S \approx 0$V

那一個 LED 會亮起來_____。

(5)　測邏輯 1，把測針接到V_{CC}，則$V_S \approx V_{CC}$

那一個 LED 會亮起來_____。

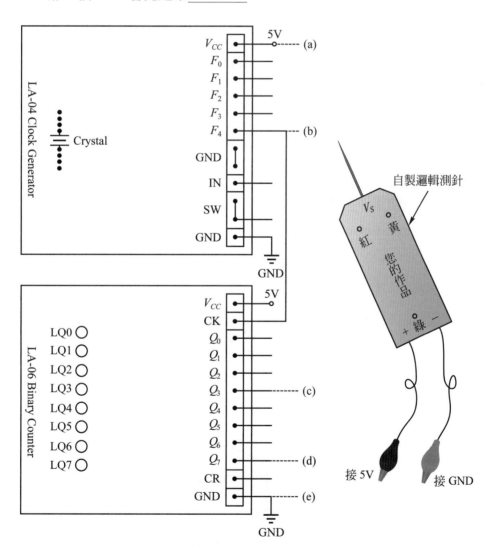

圖 5-8　邏輯測針的使用

(6) 測 CLOCK，把測針接到 LA-04 的 $F_1 \sim F_4$ 看看。

那些 LED 會亮起來或閃爍＿＿＿＿，＿＿＿＿。

① 測(a)得到什麼結果？＿＿＿＿。

② 測(b)得到什麼結果？＿＿＿＿。

③ 測(c)得到什麼結果？＿＿＿＿。

④ 測(d)得到什麼結果？＿＿＿＿。

⑤ 測(e)得到什麼結果？＿＿＿＿。

＊恭喜同學完成自己的作品！已有技術員的能力。捫心自問，線路圖
您真的懂了嗎？試著做工程師。

5-4 變化應用與創意構思

5-4-1 自動溫控應用分析

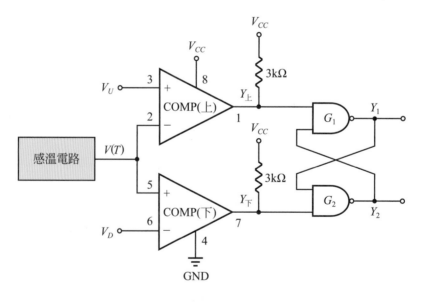

圖 5-9 自動溫控應用線路

　　不管那一種溫度感測器，我們都可以設法使感測器隨溫度而變化的特性，轉換成電壓的變化，那麼就可以用電壓值的大小，代表溫度的高低。僅以三種溫度感測元件為例，說明怎樣以不同的溫度感測元件，卻使用相同的控制電路，完成相同的功能。(1)熱敏電阻：隨溫度的高低，而改變本身電阻值的溫度感測元件。(2) AD590：隨溫度的高低，而產生不同輸出電流的溫度感測元件。(3)LM35：隨溫度的高低，而得到不同輸出電壓的溫度感測元件。若以簡單公式表示時：

1.　熱敏電阻$R(T) = R(0℃) + \alpha T$，α：每 1℃電阻值的變化量。

2.　AD590 $I(T) = I(0℃) + \beta T$，β：每 1℃電流值的變化量。

3.　LM35 $V(T) = V(0℃) + \gamma T$，γ：每 1℃電壓值的變化量。

　　設定電流I_{ref}流入熱敏電阻$R(T)$時，會產生$V(T)$的壓降，則

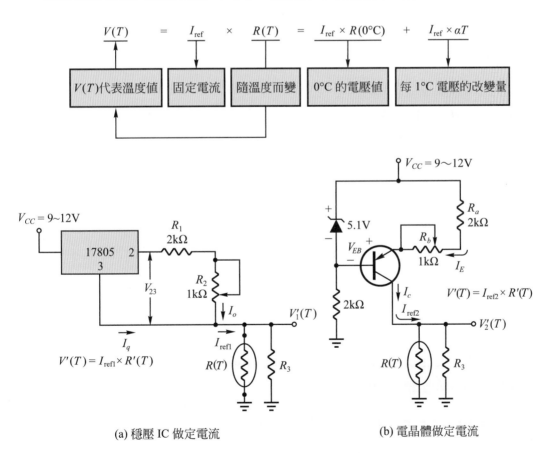

(a) 穩壓 IC 做定電流　　　　(b) 電晶體做定電流

圖 5-10　定電流法完成電阻轉換成電壓的原理

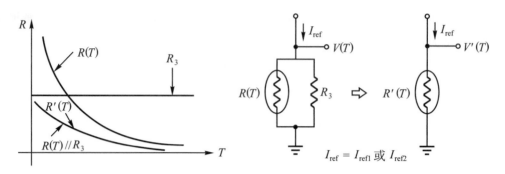

圖 5-11　改善熱敏電阻非線性誤差

一、熱敏電阻溫控應用設計

　　一般負溫度係數的熱敏電阻，其阻值的變化量與溫度變化量並非成線性關係，為了減少非線性誤差，可以並聯一個電阻R_3改善之。

　　$R(T)//R_3$以後成為一個新的熱敏電阻$R'(T) = R(T)//R_3$，$R'(T)$依然隨溫度高低而改變其電阻值。而從圖 5-11 清楚地看到$R'(T)$的線性度比較好。可以把$R'(T)$的特性看成是隨溫度上升而直線下降的感溫元件。是一種以低價位元件取代高價元件的好方法。

　　7805 是一個 5V 的穩壓 IC，它的輸出電壓$V_{23} = 5V$，則I_{ref1}為

$$I_{ref1} = I_q + I_0 = I_q + \frac{V_{23}}{R_1 + R_2} = I_q + \frac{5V}{R_1 + R_2}$$

I_q為 7805 靜態工作電流，幾乎是一個定電流，則只要調整R_2，便能得到您所要的I_{ref1}。R_2可以從 0Ω調到 1kΩ，則I_0的範圍約 1.66mA～3.5mA。對圖(b)而言，$I_{ref2} = I_C$，而目前因使用 5.1V 的齊納(Zener)二極體，則

$$I_E = \frac{5.1V - V_{EB}}{R_a + R_b} \approx I_C = I_{ref2}$$

所以只要調整R_b，便能設定I_{ref2}的大小。不論是圖(a)或圖(b)的方法，因所用的$R(T)$為負溫度係數(NTC)熱敏電阻，則

溫度T上升→$R'(T)$下降→$V'_1(T)$【或$V'_2(T)$】下降。

意思是說溫度上升(高溫)$V'_1(T)$【或$V'_2(T)$】變低，所以我們可以把V_U當低溫比較值，V_D當高溫比較值，就能把圖 5-9 加入控制單元而成為自動溫控系統。

依圖(5-12)，若您想設定溫度值 28℃為高溫臨界值，26℃為低溫臨界值，您將於 28℃時，測知$V'(28℃)$，於 26℃時，測知$V'(26℃)$。調RV_1使$V_U = V'(26℃)$、調RV_2使 $V_D = V'(28℃)$。$[V'(26℃) > (V'(28℃)]$，因我們使用的是負溫度係數的熱敏電阻。

二、動作分析

1. 當溫度T大於 28℃時，$V'(T) < V_D = V'(28℃) < V_U = V'(26℃)$

    COMP(上)：$V'(T) < V_U$，則$V_{(+)} > V_{(-)}$，$Y_上 = 1$

    COMP(下)：$V'(T) < V_D$，則$V_{(+)} < V_{(-)}$，$Y_下 = 0$

    $Y_下 = 0 \rightarrow Y_2 = 1 \rightarrow Y_1 = \overline{Y_2 \cdot Y_上} = \overline{1 \cdot 1} = 0$

    在$Y_1 = 0$、$Y_2 = 1$的情況下，電晶體 Q 導通→繼電器動作→N.O 接點短路→風扇馬達啟動→進行散熱→溫度開始下降。

2. 當溫度降到 26℃到 28℃之間時，$V'(T) < V_U = V'(26℃)$，$V'(T) > V_D = V'(28℃)$

    COMP(上)：$V'(T) < V_U$，則$V_{(+)} > V_{(-)}$，$Y_上 = 1$

    COMP(下)：$V'(T) > V_D$，則$V_{(+)} > V_{(-)}$，$Y_下 = 1$

    前一個狀態$Y_1 = 0$、$Y_2 = 1$，目前的狀態為

    $Y_1 = \overline{Y_2 \cdot Y_上} = \overline{1 \cdot 1} = 0$，……$Y_1$繼續保持 0。

    $Y_2 = \overline{Y_1 \cdot Y_下} = \overline{0 \cdot 1} = 1$，……$Y_2$繼續保持 1。

    意思是說：當溫度大於 28℃以上往下降到 26℃～28℃之間時，Y_1和Y_2的狀態並沒有改變，則風扇馬達繼續運轉，一直在做散熱，使溫度繼續往下降。

3. 當溫度降到 26℃以下時，$V'(T) > V_U = V'(26℃)$，$V'(T) > V_D = V'(28℃)$

    COMP(上)：$V'(T) > V'(26℃)$，則$V_{(+)} < V_{(-)} \rightarrow Y_上 = 0$

    COMP(下)：$V'(T) > V'(28℃)$，則$V_{(+)} > V_{(-)} \rightarrow Y_下 = 1$

    $Y_下 = 0 \rightarrow Y_1 = 1 \rightarrow Y_2 = \overline{Y_1 \cdot Y_下} = \overline{1 \cdot 1} = 0$

    從$(Y_1 = 0$、$Y_2 = 1)$的狀態變成$(Y_1 = 1$，$Y_2 = 0)$。因$Y_2 = 0$，則電晶體 Q OFF，繼電器不動作，N.O 接點開路，風扇馬達停止運動，表示溫度已降到 26℃以下了。

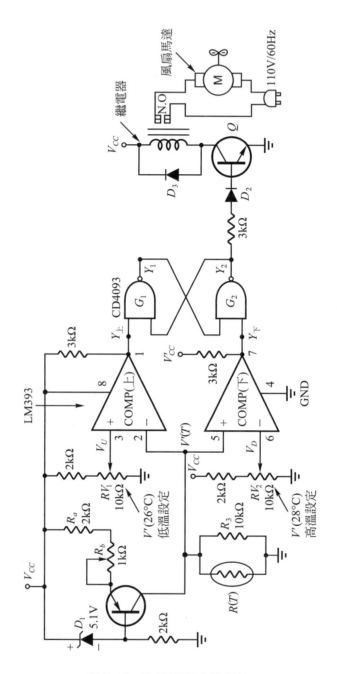

圖 5-12　熱敏電阻自動溫控

4.　溫度 T 由 26℃ 以上往上升，在 $26℃ < T < 28℃$ 時

$Y_上 =$ _____ ，$Y_下 =$ _____ ，$Y_1 =$ _____ ，$Y_2 =$ _____

風扇馬達是否運轉：_____ 。

5.　溫度 T 上升到 28℃ 以上時

$Y_上 =$ _____ ，$Y_下 =$ _____ ，$Y_1 =$ _____ ，$Y_2 =$ _____

風扇馬達是否運轉：_____ 。

6.　G_1 和 G_2 的功用

		$Y_上$	$Y_下$	Y_1	Y_2	動作情形
加溫	溫度低於 26℃ 時	0	1	1	0	風扇不動
	溫度升到 26℃～28℃ 時	1	1	1	0	風扇不動
	溫度高於 28℃ 時	1	0	0	1	風扇運轉
散熱	溫度降到 28℃～26℃ 時	1	1	0	1	繼續散熱
	溫度低於 26℃ 時	0	1	1	0	風扇不動

　　從上述的分析得知，溫度上升必須上升到 28℃ 以上，風扇才會啟動，而風扇啟動後，一定要把溫度降到 26℃ 以下，風扇就會自動停止運轉。這種特性我們稱之為「磁滯比較特性」。

> ＊上升時，必須升到「上限」以上，下降時，必須降到「下限」以下，
> 　才會改變動作情形，即為磁滯比較特性。

三、應用思考

1.　有沒有發生 $Y_上 = 0$，同時 $Y_下 = 0$ 的可能性？

2.　若 $Y_上 = 0$，$Y_下 = 0$，代表什麼情形？

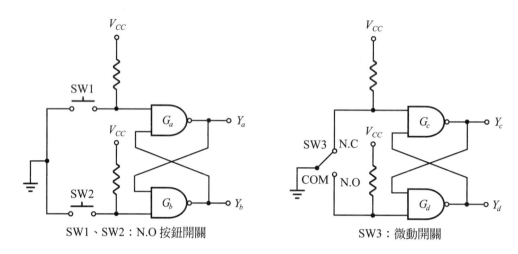

圖 5-13　閉鎖器的應用

3.(1)　按一下 SW1：$Y_a =$ _____ ，$Y_b =$ _____ 。

(2)　按一下 SW2：$Y_a =$ _____ ，$Y_b =$ _____ 。

(3)　目前 SW3 不動：$Y_c =$ _____ ，$Y_d =$ _____ 。

(4)　當 SW3 被壓下去，COM 離開 N.C，尚未碰到 N.O 時

$Y_c =$ _____ ，$Y_d =$ _____ 。

(5)　SW3 被壓下去，並且使 COM 碰到 N.O 時

$Y_c =$ _____ ，$Y_d =$ _____ 。

(6)　SW3 被壓一次(COM 由 N.C 到 N.O 又回到 N.C)時

$Y_c =$ _____ ，$Y_d =$ _____ 。

4.　可以把 Y_a 和 Y_b 當做「瞬間設定邏輯狀態」使用。即碰一下，SW1：$(Y_a = 1$ 、 $Y_b = 0)$。碰一下 SW2：$(Y_a = 0$ 、 $Y_b = 1)$

5.　可以把 Y_c 和 Y_d 當做「單一脈波產生器」使用。按一次 SW3 將使 $Y_c =$ ⊓̄ (一個負脈波)，$Y_d =$ 凵̄ (一個正脈波)。

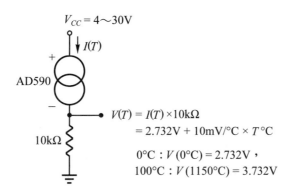

$V_{CC} = 4 \sim 30\text{V}$

$\downarrow I(T)$

AD590

$V(T) = I(T) \times 10\text{k}\Omega$

$= 2.732\text{V} + 10\text{mV/}°\text{C} \times T\,°\text{C}$

$0°\text{C} : V(0°\text{C}) = 2.732\text{V}$，

$100°\text{C} : V(1150°\text{C}) = 3.732\text{V}$

10kΩ

圖 5-14　AD590 感溫 IC 的特性說明

6.　AD590 電流變化的溫度感測器，其電流$I(T)$為：

$$I(T) = 273.2\mu\text{A} + 1\mu\text{A/}°\text{C} \times T\,°\text{C}$$

　　請您用圖 5-14 的電路，接到圖 5-9，完成溫度大於 50℃時，風扇啓動，溫度低於 40℃時，風扇停止運轉。

(1)　V_U必須設定爲多少伏特？$V_U =$ _____ V。

(2)　V_D必須設定爲多少伏特？$V_D =$ _____ V。

(3)　使用 PNP 電晶體當控制開關，線路應怎樣接？

7.　在圖 5-12 中，D_1、D_2、D_3各有何功用？

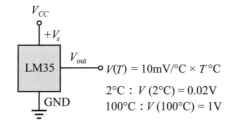

V_{CC}

$+V_s$

LM35

V_{out}

$V(T) = 10\text{mV/}°\text{C} \times T\,°\text{C}$

$2°\text{C} : V(2°\text{C}) = 0.02\text{V}$

$100°\text{C} : V(100°\text{C}) = 1\text{V}$

GND

圖 5-15　LM35 感溫 IC 的特性說明(2℃～150℃)

8.　LM35 是一個電壓變化的溫度感測元件，其輸出電壓$V(T)$爲：

$$V(T) = 10\text{mV/}°\text{C} \times \text{T}\,°\text{C}$$

請您用圖 5-15 的電路，接到圖 5-9，完成溫度大於 100℃時停止加熱，溫度小於 90℃時啟動加熱，一直到 100℃才停止。

> ＊開水飲用機的加熱原理就是這樣，100℃後保溫，90℃以下則加熱。

(1) V_U必須設定為多少伏特？$V_U = $ _____ V。

(2) V_D必須設定為多少伏特？$V_D = $ _____ V。

(3) 控制開關您還未決定。

9.(1) 上網找到 LM339 的資料，並把各接腳寫到( )裡。

(2) 若$V_i = 6.5$V，那些 LED 會亮起來。

(3) 這個電路，您會把它用在哪裡呢？

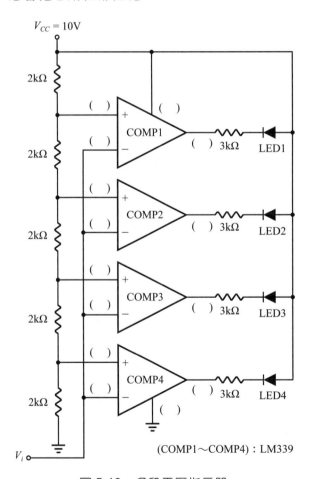

圖 5-16 多段電壓指示器

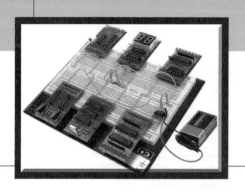

Chapter **6**

許多好玩又實用的小實驗

數位 IC 的應用極為廣泛，然應用之巧妙存乎一心，應用之技術要從基礎做起。

6-1　籃球計分板㈠：計數方式

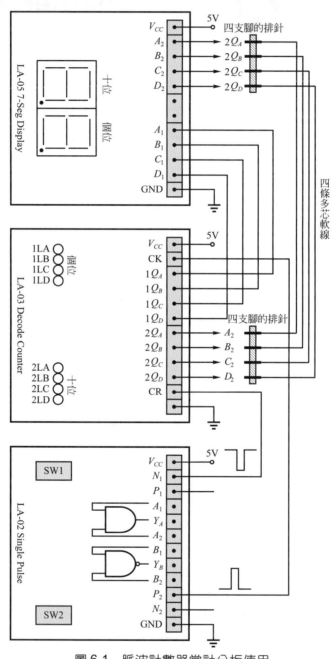

圖 6-1　脈波計數器當計分板使用

實驗記錄與討論

1. 按一下 SW1，得到什麼結果？

2. 當 LA-03 的所有 LED 都不亮時，代表計數值為 0，而 LA-05 顯示 $\boxed{00}$，若希望計數值為 0 的時候，只顯示一個 0，$\boxed{0}$ 應如何把 LA-05 的線路修改？

3. 給您下列零件，請把這個實驗的線路圖畫出來。
   (1) 74LS00 × 1，74LS390 × 1，7447 × 2，七段兩顆(共陽)。
   (2) 電阻電容等非屬 IC 類的零件不受限制。

   > ＊要求學生一定要做，最好是電子製圖完成，線路設計練習。

4. 按幾下 SW2 就代表得幾分，按錯了，清除為 0，重新再按 SW2 一直到正確的得分。

5. 做兩組，就代表兩隊的得分個別顯示。

6. 做幾條兩頭都是排針的接線，則一次可插四條線，實驗更方便。

6-2 鍵盤編碼㈠：74LS148

實驗記錄與討論　※請先上網把 74LS148 的資料拉下來。

1. EI(Pin5)不接地時，再按八個按鍵任何一個，看看目前顯示狀態$(A_2 A_1 A_0) = ($＿＿＿＿＿＿)，顯示什麼數值？＿＿＿＿＿。GS(Pin14) = ＿＿＿＿，EO(Pin15) = ＿＿＿＿，表示 EI = 1時，編碼器不動作。

2. 把EI(Pin15)接地時，在沒有按任何按鍵的時候，即EI = 0時，沒有按鍵的情況下，$(A_2 A_1 A_0) = ($＿＿＿＿＿＿)，顯示什麼數值？＿＿＿＿。GS(Pin14) = ＿＿＿＿，EO(Pin15) = ＿＿＿＿。

3. 按下每一個按鍵，是否有其相對應的數值？各顯示什麼？
   $0I$：＿＿＿＿＿，$1I$：＿＿＿＿＿，$2I$：＿＿＿＿＿，$3I$：＿＿＿＿＿，
   $4I$：＿＿＿＿＿，$5I$：＿＿＿＿＿，$6I$：＿＿＿＿＿，$7I$：＿＿＿＿＿。

4.　記錄 EO 和 GS 的變化情形。

(1)　沒有按鍵時：EO = _____，GS = _____。

(2)　有按鍵時：EO = _____，GS = _____。

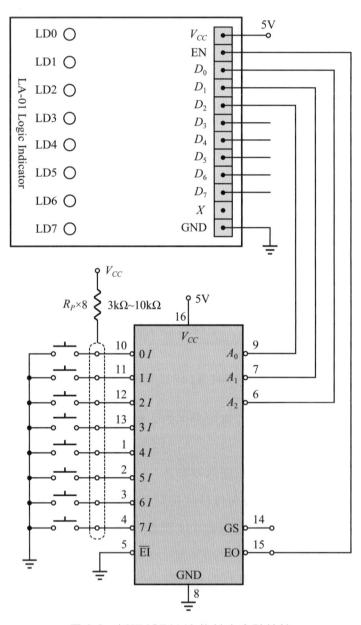

圖 6-2　編碼 IC74148 的基本實驗接線

5.　當4*I*和5*I*的按鍵被同時按下時，

$(A_2A_1A_0) = ($ _____ $)$，$\text{EO} = $ _____ ，$\text{GS} = $ _____ 。

> ＊4*I*和5*I*的編碼值分別是$(A_2A_1A_0) = (011)$和$(A_2A_1A_0) = (010)$，但當
> 4*I*和5*I*同時被按著的時候，編碼值只有$(A_2A_1A_0) = (010)$，這種編碼
> 方式稱之爲<u>優先編碼</u>。

6.　GS 和 EO 有何功用？

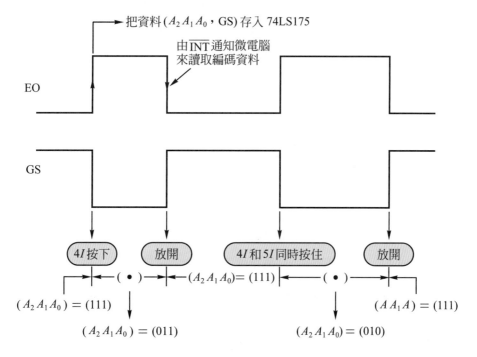

圖 6-3　74148GS 和 EO 的波形分析

　　從圖 6-3 清楚地看到，當有按鍵被按下去的時候，EO ＝ 1、GS ＝ 0，也就
是說只有在EO ＝ 1和GS ＝ 0的期間內，編碼值才是正確的。

7.　爲什麼LA-01 所顯示的值，不會因按鍵放開後，而變成$(A_0A_1A_2) = (111)$，依然
保持上一次所按按鍵的編碼值？

　　圖 6-4 中，假設6*I*被按下的時候，$(A_2A_1A_0) = (001)$，GS ＝ 0，在 EO 的前
緣的那一瞬間就把$(A_2A_1A_0$、GS$)$存入 74LS175，而我們選 74LS175 的反相輸出

端($\overline{1Q}$、$\overline{2Q}$、$\overline{3Q}$、$\overline{4Q}$)接到微電腦的($PX_0 0$、$PX_0 1$、$PX_0 2$、$PX_0 3$)，那麼微電腦就會得到($\overline{A_2 A_1 A_0}$，$\overline{GS}$) = (110, 1)。便能以(110)代表6I按鍵被按下去，同時可以檢查$\overline{GS}$ = 1是否正確。

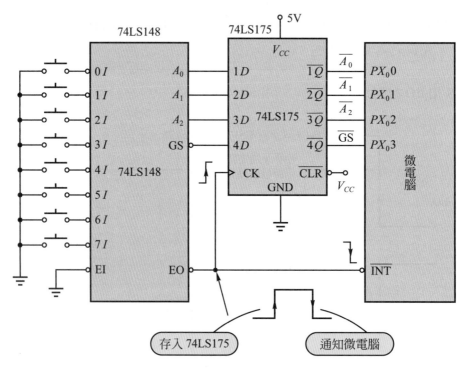

圖 6-4　八個按鍵與微電腦的串接

　　當手放開以後 EO 由 1 變 0，得到一個負緣觸發信號，便能對微電腦提出中斷要求($\overline{INT}$)，將立即執行中斷副程式，讀取($PX_0 0 \sim PX_0 3$)的數值。

8.　還有那些 TTL 的編碼 IC 可以用呢？

> ＊ 74147、74148、74149、74348、74748……
> ＊ 而有一顆鍵盤編碼 IC，叫 74C922，非常好用。

9.　若想得到 16 個按鍵之鍵盤編碼，您會怎樣設計呢？

> ＊ 提示：可以用兩顆 74148 配合 7408 或 7400，可以把兩個 8 對 3 的
> 　編碼，擴展成 16 對 4 的編碼。

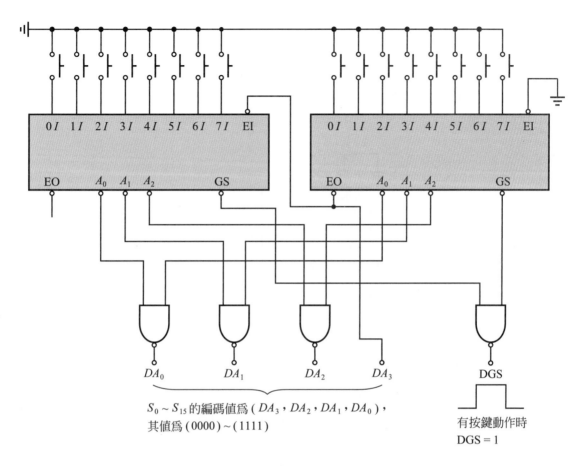

圖 6-5　十六鍵鍵盤編碼電路

6-3　鍵盤編碼㈡：74C922

實驗記錄與討論　※請先上網把 74C922 的資料拉下來。

1. 拿一個十六鍵的小型鍵盤接到 74C922 的($X_1 \sim X_4$)和($Y_1 \sim Y_4$)

> ＊先不要管接腳的方向是否正確，先看能不能編碼就好。

2. 用示波器測 OSC(Pin5)看看是什麼波形？_____。

> ＊只加一個電容，74C922 就能自己產生所要用的 CLOCK。

3. KBM(Pin6)接一個C_2(約爲C_1的 10 倍)。其目的何在？

> ＊請參閱資料手冊，或台科大圖書B028數位電路應用實習與專題製作。
>
> ＊提示：按按鍵都會產生「彈跳現象」。

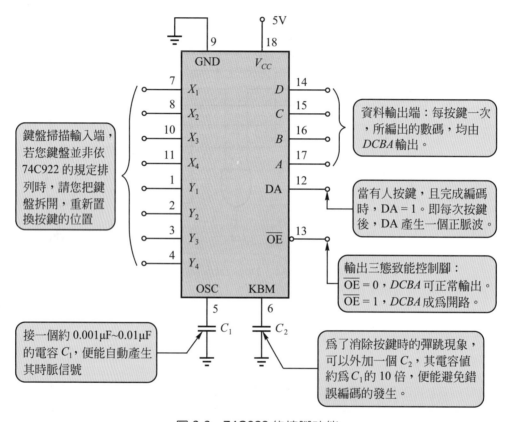

圖 6-6　74C922 的接腳功能

4. 示波器測 DA(Pin12)，然後鍵盤亂按，看看有沒有產生正脈波？

> ＊ DA(Pin12)就相當於圖 6-5 的 DGS，有人按鍵就要產生正脈波。

5. 按「0」的鍵，看看($DCBA$)是否爲(0000)，按「1」的鍵，看看是否爲(0001)，若不是，把鍵盤的排線反個方向，再確認是否正確？

6.　若依照按鍵和編碼值(0～F) = (0000～1111)對不起來，不要急，因每一家所做
　　小鍵盤其按鍵的排列方式不一定相同。

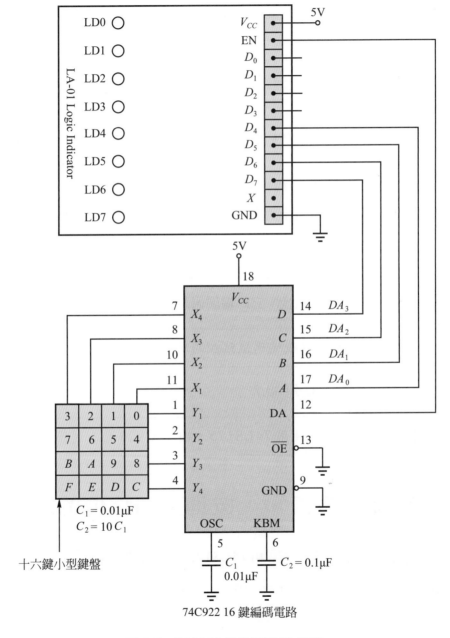

74C922 16 鍵編碼電路

圖 6-7　74C922 鍵盤編碼 IC 實驗

＊拿根小螺絲起子，把鍵盤拆開，然後重新排列各按鍵的位置，您就可以得到按「0」產生(0000)，按「5」產生(0101)，按「A」產生「1010」……，大功告成。

7. 比較圖 6-5 和圖 6-7，都是十六鍵的鍵盤編碼電路，其編碼值$(DA_3DA_2DA_1DA_0)$ = (0000～1111)。也都有按鍵確認輸出(DGS，DA)，但是您是否了解其差別何在？

    (1) 圖 6-5 要用三顆 IC (74LS148× 2，7400× 1)，但圖 6-7 只要用一顆 IC (74C922)。

    (2) 圖 6-5 十六個鍵要接 16 條線，圖 6-7 只要接 8 條線。

    (3) 您會選那一個電路當做十六鍵的鍵盤編碼電路？

    ＊提示：要看成本再做決定

8. 若用 74C922 時，按鍵以後，它的編碼值是否會被鎖住？

    ＊ 74148 可沒有把按鍵後編碼值鎖住的功能。

9. 怎樣把 74C922 與微電腦串接？

    ＊參考圖 6-4，但不必使用 74LS175，因 74C922 已有閂鎖功能。

6-4 籃球計分板㊀：按鍵資料移位的方式

實驗記錄與討論 ※請把 74C922 和 74LS175 的資料拉下來。

1. 若所要顯示的數值是 36，那麼習慣上，我們一定先按 3 再按 6。

2. 信號分析說明：參閱圖 6-8 和圖 6-9

    (1) t_1 之前：若前一次的數值為 48，則 74C922 的$(DCBA)$ = $(1000)_2$ = 8，ICB 所存的值為 4，ICA 所存的值為 8。LA-05 顯示 $\boxed{48}$。

(2) t_1時：「3」被按下去，$(DCBA) = (0011)_2 = 3$，$DA = Y_1 = $（前線觸發），將先把 ICA 的值存入 ICB 中，則 ICB 的輸出為 8，ICA 依然是 8。LA-05 將顯示成 $\boxed{88}$。

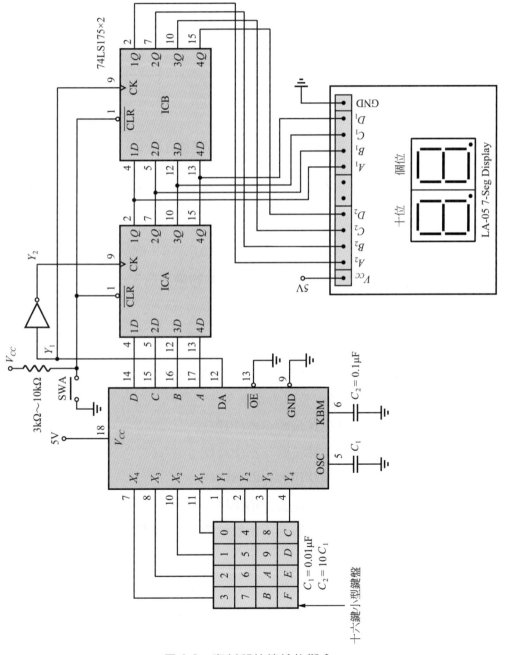

圖 6-8　資料移位傳輸的觀念

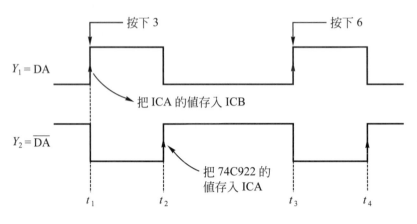

圖 6-9　資料移位之控制信號分析

(3)　t_2時：$Y_2 = \overline{DA} = $(前緣觸發)，將把$(DCBA) = (0011)_2 = 3$，存入ICA中，則 ICA 的輸出為 3，LA-05 將顯示成 $\boxed{83}$ 。

(4)　t_3時：「6」被按下去，$(DCBA) = (0110)_2 = 6$，則$DA = Y_1 = $(前線觸發)，將再次把 ICA 的值存入 ICB 中，則 ICB 的輸出為 3，ICA 依然為 3，LA-05 顯示的值為 $\boxed{33}$ 。

(5)　t_4時：$Y_2 = \overline{DA} = $(前緣觸發)，再次把$(DCBA) = (0110)_2 = 6$，存入ICA中，則 ICA 的輸出為 6，LA-05 將顯示成 $\boxed{36}$ 。

(6)　有那些 IC 具有移位暫存資料的功能？

　　※①並列輸入並列輸出移位暫存器(PIPO)

　　②並列輸入串列輸出移位暫存器(PISO)

　　③串列輸入並列輸出移位暫存器(SIPO)

　　④串列輸入串列輸出移位暫存器(SISO)

(7)　請您上網找到這四類移位暫存器所對應的 IC，並寫出其編號。

6-5　籃球記分板㈢：按鍵資料閂鎖的方式

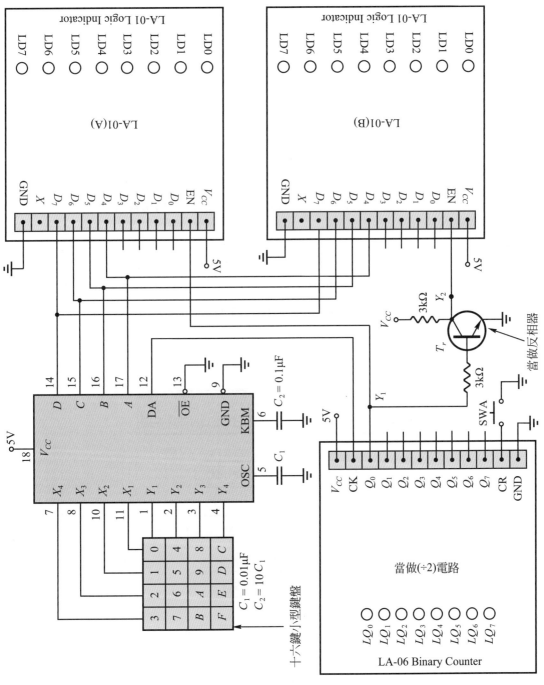

圖 6-10　資料閉鎖的觀念

實驗記錄與討論

1. 先按一下 SWA，則把 LA-06 清除為 0，則 LA-06 的 $Q_0 = 0$

   (1) $Q_0 = Y_1 = 0$，則 LA-01(A)的EN = 0，不做資料閂鎖動作。

   (2) $Y_2 = \overline{Y_1} = 1$，則 LA-01(B)的EN = 1，把 74C922 的($DCBA$)閂鎖住。

2. 若「3」被按下去，DA 產生一個正脈波，其後將對 LA-06 觸發，使得 LA-06 的 $Q_0 = 1$。

   (1) $Q_0 = Y_1 = 1$，LA-01(A)的EN = 1，使 74C922 的($DCBA$)閂鎖住，則LA-01(A)顯示值為(0011)，(LD7、LD6、LD5、LD4)為(OFF、OFF、ON、ON)。

   (2) $Y_2 = \overline{Y_1} = 0$，則 LA-01(B)的EN = 0，不做資料閂鎖，其值不變。

3. 若「6」又被按下去，DA再產生一個正脈波，LA-06 再被觸發乙次，使得LA-06 的 $Q_0 = 0$。

   (1) $Q_0 = Y_1 = 0$，LA-01(A)的EN = 0，不做資料閉鎖，其值保持 3。

   (2) $Y_2 = Y_1 = 1$，LA-01(B)的EN = 1，將把現在的($DCBA$) = $(0110)_2$ = 6閂鎖住，則 LA-01(B)顯示值為(0110)，(LD7、LD6、LD5、LD4)為(OFF、ON、ON、OFF)。

4. 所以 LA-01(A)當十位數，LA-01(B)當個位數。

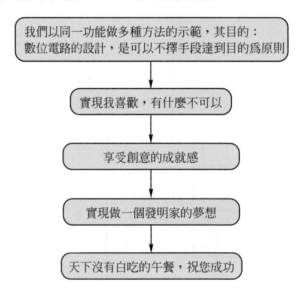

6-6　冤家路窄，以和為貴

　　在數位電路中，經常會有許多組資料使用同一個輸入端，若同時進入勢必要相互打架(資料錯亂)，如圖 6-11 所示。該怎樣辦？

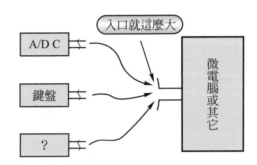

圖 6-11　設法排解一場不必要的打架，該怎麼做呢

三態閘的應用

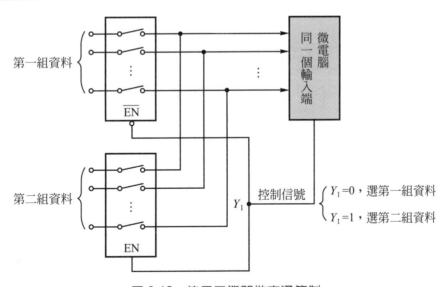

圖 6-12　使用三態閘做交通管制

1. 當 $Y_1 = 0$ 時，$\overline{EN}$ 所控制的開關 ON，第一組資料可以進入微電腦。

2. 當 $Y_1 = 1$ 時，EN 所控制的開關 ON，第二組資料可以進入微電腦。

3. 常用的三態閘有那些呢？

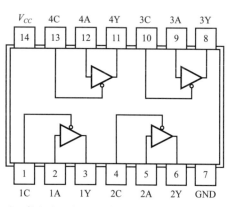

○ C 輸入為 H 時，Y 為高阻抗
○ C 輸入為 L 時，Y = A

(a) 74125 ＊C 代表 1C～4C

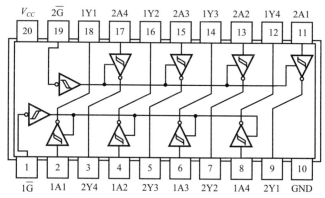

○ $\overline{1G}$ 是 H、$\overline{2G}$ 是 H 時，Y 是高阻抗
○ $\overline{1G}$ 是 L、$\overline{2G}$ 是 L 時，Y = $\overline{A}$
○ 輸入是 PNP 電晶體
○ 輸入的磁滯寬度是 400mV

(c) 74240

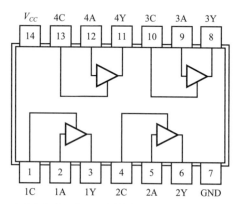

○ C 輸入為 L 時，Y 為高阻抗
○ C 輸入為 H 時，Y = A

(b) 74126 ＊C 代表 1C～4C

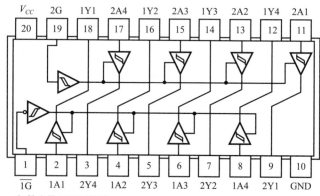

○ 輸入是 PNP 電晶體
○ 輸入的磁滯寬度是 400mV
○ $\overline{1G}$ 是 H、2G 是 L 時，Y 是高阻抗
○ $\overline{1G}$ 是 L、2G 是 H 時，Y = A

(d) 74241

圖 6-13　常用的三態閘 IC

這類的 IC 數量非常多，僅提供四個供您參考。它的使用方法均大致相同。看它們的控制腳，有「小圓圈」的就是邏輯 0 時，可正常使用。沒有「小圓圈」的就為邏輯 1 才可以正常使用。請比較 74125 和 74126 的(1C、2C、3C、4C)。遵守這個原則，所有三態閘您都可以任意使用。

許多 IC，例如 74LS373、74LS374……，雖然它們是閂鎖器，但在 IC 內部已設置了三態閘，所以善用三態閘的 IC，可以完成資料選擇器的功能。

■ 6-6-1　三態閘應用實習

兩組計數器想要共用一組七段顯示器，您要怎麼完成它呢？

實驗記錄與討論　※請參閱圖 6-14 及 74LS241 的功能說明。

1. 按一下 LA-02(B)的 SW1，得到什麼結果？顯示值是否為 0？

2. 按三下 LA-02(B)的 SW2，得到什麼結果？顯示值 = ＿＿＿＿＿。

3. 按五下 LA-01(A)的 SW1，得到什麼結果？顯示值 = ＿＿＿＿＿。

4. 按住 LA-01(A)的 SW2，得到什麼結果？顯示值 = ＿＿＿＿＿。

5. 把 LA-01(A)的 SW2 放開，得到什麼結果？顯示值 = ＿＿＿＿＿。

6. 找到具有三態閘輸出功能的計數器 IC　6 種，並寫出其編號。

　　　1：＿＿＿＿＿，2：＿＿＿＿＿，3：＿＿＿＿＿，
　　　4：＿＿＿＿＿，5：＿＿＿＿＿，6：＿＿＿＿＿。

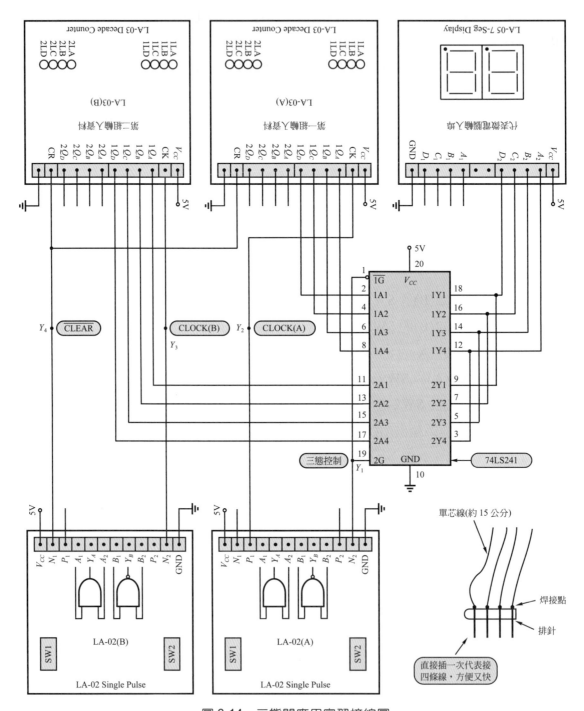

圖 6-14 三態閘應用實習接線圖

6-7　實驗考試—應用設計(資料選擇碼)

第一題　(1)只給您一個七段顯示器(LA-05 的一半)，完成計數值個位和十位的顯示。

(2)一個開關做選擇，開關不按；顯示個位，開關按下去顯示十位。

(3)只能用給您的 IC(74LS257)不能用其它型號的 IC。

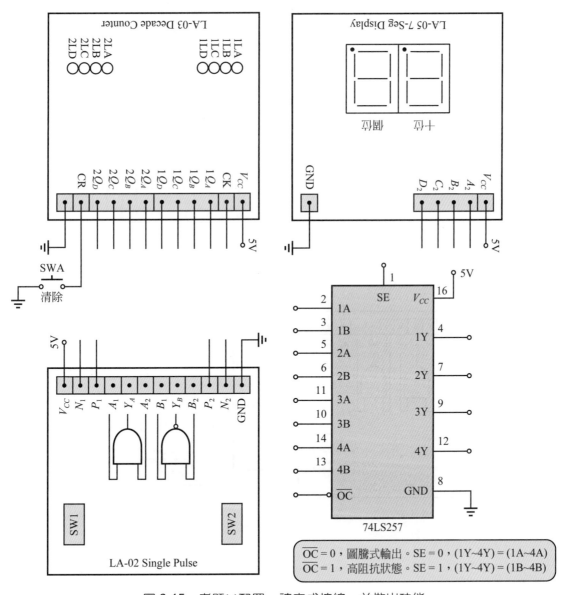

$\overline{OC} = 0$，圖騰式輸出。SE = 0，(1Y~4Y) = (1A~4A)
$\overline{OC} = 1$，高阻抗狀態。SE = 1，(1Y~4Y) = (1B~4B)

圖 6-15　考題㈠配置，請完成接線，並做出功能

第二題

(1)一組數值，於不同的時間，輸出到不同的地方。

(2)以計數器個位數的數值，分別由 LA-05 兩個七段顯示器輪流顯示。

(3)還是限制使用的 IC 型號，只能用 74LS241，不能使用其它 IC。

(4)要用其它 IC，則必須自己準備。

(5)開關不按：左邊顯示，開關壓下去：右邊顯示。

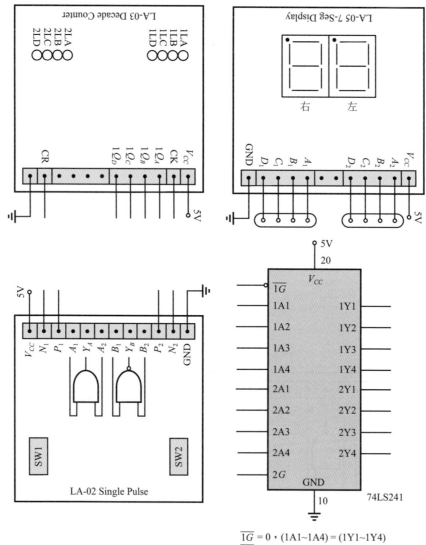

$\overline{1G} = 0$，(1A1~1A4) = (1Y1~1Y4)

$\overline{1G} = 1$，(1Y1~1Y4)高阻抗狀態

$2G = 0$，(2Y1~2Y4)高阻抗狀態

$2G = 1$，(2A1~2A4) = (2Y1~2Y4)

圖 6-16　考題㈡配置，請完成接線，並做出功能

6-8　五燈全亮賞五萬：SISO 移位暫存器

　　許多電視節目中，都常以燈亮的數目代表是否過關，您也常常聽到，「一個燈，兩個燈，參個燈，……，再來一個，過關」這句台詞，不知道被多少主持人用過。

實驗記錄與討論　　※請上網把 74LS164 的資料拉下來。

　　請依圖 6-17 回答下列問題

1. 按一下 SWA，$(Q_A \sim Q_H)$ = _____ 。

2. 則 $\overline{CLR}$(Pin9)是做什麼動作？

3. 按 LA-02 的 SW2，按三次，則$(Q_A \sim Q_H)$ = _____ 。

4. 則 CK(Pin8)是什麼功用？

5. 把 LA-02 的 SW1 按住，則(A，B) = (_____，_____) 。

6. 再按 LA-02 的 SW2，按三次，則$(Q_A \sim Q_H)$ = _____ 。

7. 鬆開 LA-02 的 SW1，並按一下 SWA，結果如何？_____ 。

8. 所做分析(A、B)做什麼功用？

9. 連續按 LA-02 的 SW2 多少次以後，所有 LED 都亮？_____ 。

10. 這顆 IC(74LS164)叫做串列輸入並列輸出的移位暫存器，像不像排一排人在傳磚塊。

11. 若 LD0～LD4 都亮了，再按一下 SW2，將使 LD5 也亮起來，於 LD5 亮起來以後，希望外加一個 LED 做閃爍，您會怎麼設計呢？

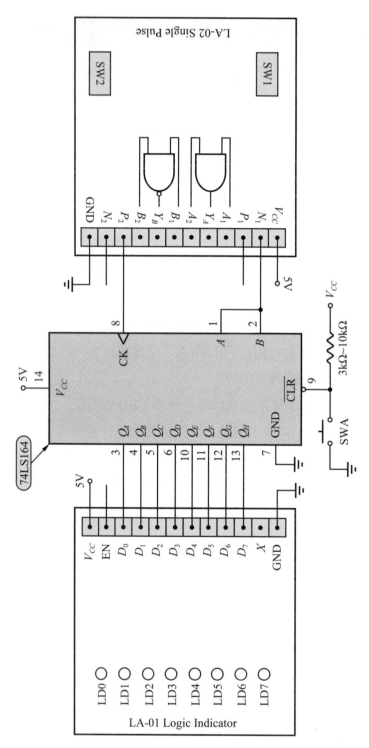

圖 6-17　SISO 移位暫存器的認識

6-9　可程式信號產生器的概念：SISO 移位暫存器

如果想得到一些可以調整邏輯 1 或邏輯 0 寬度的信號時，您會用什麼方法呢？

實驗記錄與討論　※請把 74LS164 的資料放在手邊做參考。

請依圖 6-18 和圖 6-19 回答下列問題

1.　把 SWA 接到 N.C 的位置，表示由 LA-02 的 SW2 來做手動操作，每按一次 SW2，便能產生一個正脈波，當做 74LS164 的觸發信號。

2.　連續按 LA-02 的 SW2，總共會依序亮幾個燈呢？

3.　當按到第 6 次的時候，理應$Q_F = 1$，而這時候Q_F被反相(NAND閘所做成的反相器)，將使$\overline{CLR} = 0$，而把$Q_A \sim Q_F$全部清除為 0。

4.　所以可以得到如圖 6-18 所示(5：1，4：2……)不同任務週期的波形。

5.　為了使您能真正看到輸出波形，請把 SWA 移到 N.O 的位置，則代表 74LS164 所加的CLOCK為 100kHz。(不要用太低的頻率，因示波器會閃動所顯示的波形)

6.　請您真的用示波器測$Q_A \sim Q_F$，並計算各波形邏輯 1 所佔的時間為多少？

Q_A：_____，Q_B：_____，Q_C：_____，Q_D：_____，Q_E：_____。

7.　若用頻率為 1Hz 當 CLOCK，由Q_A、Q_B、Q_C、Q_D、Q_E去控制，5 片 LED 點矩陣板。請問每一個字各亮多久，多少時間循環乙次？

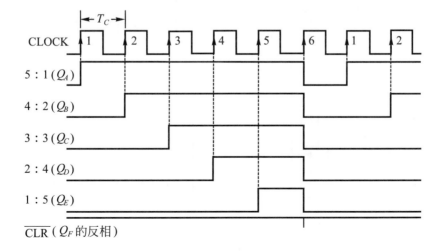

圖 6-18　不同任務週期的波形

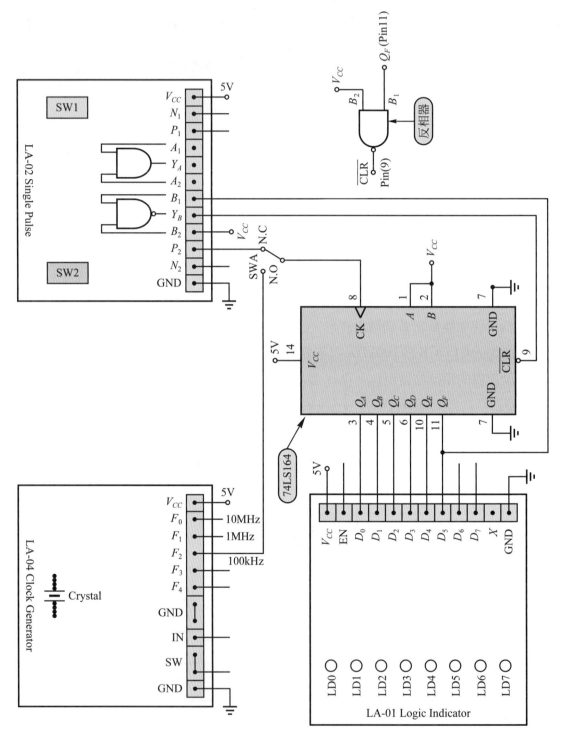

圖 6-19　不同任務週期產生電路

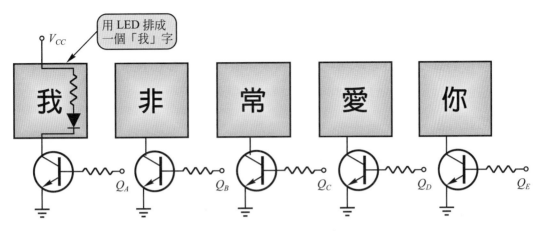

圖 6-20　廣告燈循序點燈的原理

6-10　怎樣把電壓大小送進微電腦

※請把 ADC0804 的資料拉下來參考。

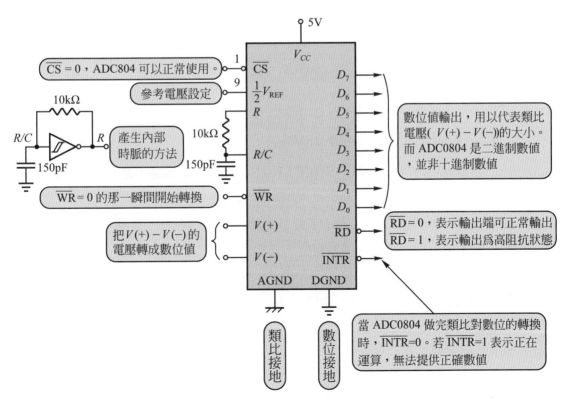

圖 6-21　ADC0804 接腳功能說明

您也知道三用電表所量到的電壓值，可以用「數字大小」顯示出來，其中一定有一個特殊功能的零件，會把類比電壓值轉換成數位值，才能做數字的顯示。本單元希望先就類比與數位的轉換(A/D C)做基本的認識。將直接以 A/D C IC 的使用著手，不做太多理論方法的探討。並以 ADC0804 做為分析的對象。

一、轉換的原理

當 $\frac{1}{2}V_{REF}$ 接腳(Pin9)加一個電壓 V_S 時，將把 $2V_S$ 分成 2^8 等份，每一等份由一個數位值代表(即 0～255，00～FF)

$$步階大小(\text{Step Size}) = \frac{2V_S}{2^8}$$

若 V_S 加的是 1.28V，$2V_S = 2.56$V，則步階大小為 10mV，也代表 $V_{(+)} - V_{(-)}$ 必須小於 2.56V。

二、實驗規則

有關 ADC0804 詳細資料請上網下載，其使用方法請參閱全華圖書 OP Amp 應用＋實驗模擬第十三、十四兩章。

三、實驗記錄與討論

請依圖 6-22 回答下列問題

1. 請先確定各接腳是否正確。

2. $\frac{1}{2}V_{REF}$(Pin9)電壓請設定為 1.28V。

3. 用示波器測 CLK OUT(Pin19)和 CLK IN(Pin4)兩支接腳，是否有脈波(近方波)和鋸齒波(近三角波)。

4. 按一下 SWA，則 $\overline{WR} = 0$ 表示下達了做轉換的起始命令，當轉換完成時，$\overline{INIR}$ 由 1 變成 0，相當於在轉換結束時，自動對 $\overline{WR}$ 下達繼續做下一次轉換的命令。所以這種接線方法叫做「自由運作模式」。

5. 轉動 RV2 時，$(D_7 \sim D_0)$ 是否會變化(LA-01 的 LED 有沒有改變亮法的意思)。若有變化，表示 ADC0804 可以使用。

6. 測 $V_{(+)}$ 的電壓

$$\frac{V_{(+)}}{10\text{mV}} = (DN)_{10} = (BN)_2$$

BN的數值和LA-01所顯示的數值是否相近(理論上應該相等)，但此時的實驗並沒有做精密的規畫，也未考慮接地問題及雜訊消除，所以誤差會較大。

＊最低2～3個位元不確定……只針對本實驗而言

即誤差 0.08V 以下先忽略不計的意思。

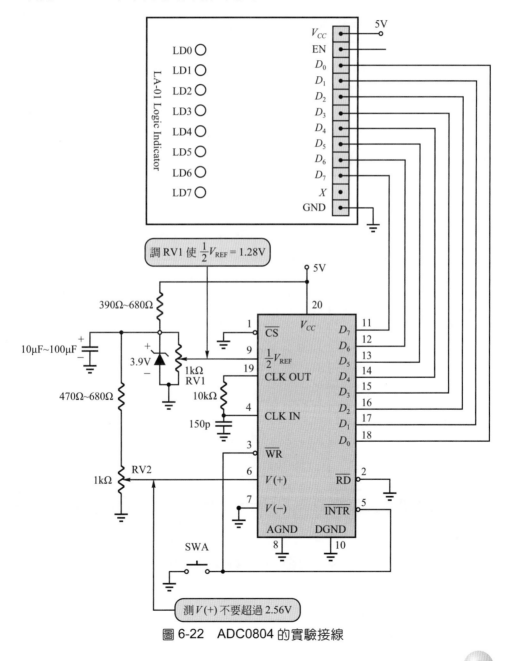

圖 6-22　ADC0804 的實驗接線

7. 若想把($D_7{\sim}D_0$)二進制數值,轉換十進制 BCD 顯示,有那些 IC 可以直接做硬體方式的轉換呢?

8. 若您已學過相關單晶片(例如 8051)您可以把 ADC0804 掛上去,先做乙台數字顯示的電壓表吧!

6-11　玩一下遙控又何妨

※請上網把 HT-12E 和 HT-12D 的資料拉下來。

本單元將以常用的遙控編碼IC(HT-12E)和解碼IC(HT-12D)來說明無線遙控和紅外線遙控的基本使用方法。

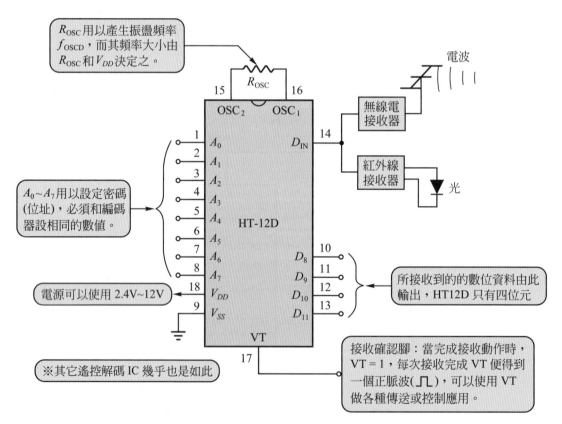

圖 6-23　解碼 IC 接腳功能說明(HT-12D)

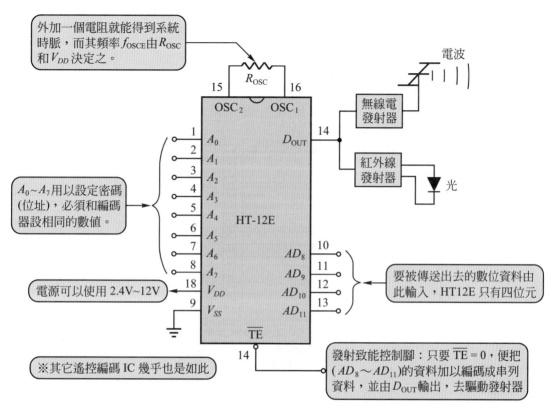

圖 6-24　編碼 IC 接腳功能說明(HT-12E)

從圖 6-23 和圖 6-24 的說明，應該了解這兩個 IC 怎樣搭配使用了。最主要是

1. 振盪頻率必須依廠訂標準設定 $f_{OSCD} = 50 f_{OSCE}$。

2. 密碼必須兩邊都設一樣的數值。

一、實驗接線說明

請依圖 6-25 回答下列問題

1. 按住 LA-02 的 SW1，並用示波器測 OSC1 和 OSC2 是否有振盪波形產生？

_____ 。

2. LA-02 的 SW1 按住時，測 D_{OUT}(Pin17)有沒有疏密變化的波形產生_____。

3. 再測 Y_1(NPN 電晶體的集極)，其波形與 D_{OUT} 相反關係。(波形略有變化)

4. 用光纖通訊，以免做實驗時，對不準方向。

5. 測 Y_2 是否有波形。

＊若 Y_2 測不到波形，請參閱【台科大圖書 B028 數位電路……】

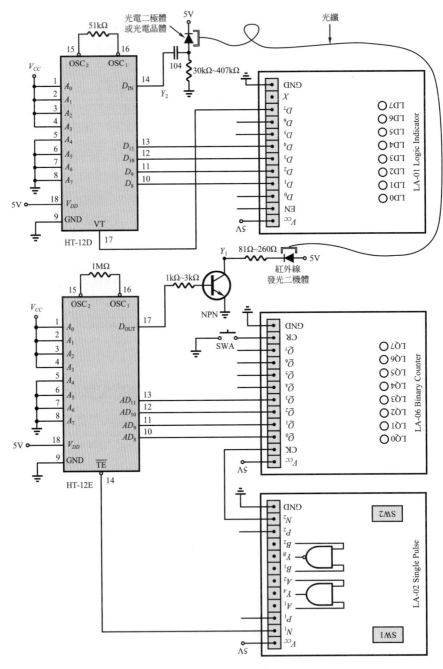

圖 6-25　遙控編解碼 IC 基本實驗接線

6. 測 HT-12D 的 OSC，(Pin16)和 OSC_2(Pin15)，看是否有振盪波形。

7. 按一下 SWA，把 LA-06 清除爲 0。

8. 按 LA-02 的 SW2，產生 LA-06 的 CK，使數値爲 3，$(Q_3Q_2Q_1Q_0) = (0011)$。

9. 按一下 LA-02 的 SW1，使 HT-12E 的 $\overline{TE} = 0$，將完成一次遙控資料傳送。

10. 看 LA-01 的 LD7 是否有亮一下(閃一下的意思)，_____。

11. 比較 LA-01 的亮燈和 LA-06 的亮燈是否相同，即 HT-12D 的輸出$(D_{11}D_{10}D_9D_8) = (0011) = 3$。

12. 若您所做的已經成功，那麼就可以把遙控改成無線電，只要 HT-12E 的 D_{OUT}(Pin17)加到無線發射模組的信號輸入端就可以做無線電編碼發射了。

13. 在 HT-12D 的 D_{IN}(Pin14)，把無線電接收模組的信號輸出端接到 D_{IN}(Pin14)，就可以做無線解碼的動作了。

14. 把 LA-02 和 LA-06 改用鍵盤編碼 IC(74C922)，就成了眞正「掌上型」的遙控器了。請您試試看了。

15. 把 LA-01 換成您微電腦 I/O 介面，就能實現眞正「遙控系統」的操作。

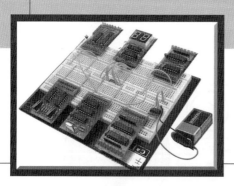

Chapter **7**

為交通警察做一支米輪尺

7-1 問題思考與解答

■ 問題思考

1. 交通警察常用的單輪工具，是用什麼原理在做距離測量？

2. 怎樣把輪子的旋轉，轉換成直線距離？

3. 那些元件可以用來計算旋轉量？

4. 怎樣設計一組計算旋轉量的電路？

● 問題解答

1. 圓周長度與直線距離的關係。

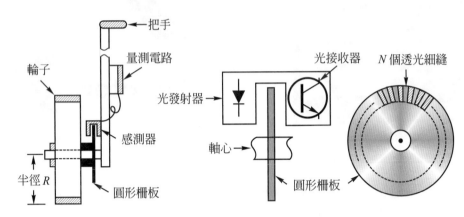

圖7-1　米輪尺的基本原理說明

　　交通警察於交通事故現場推來推去完成各重要距離量測的工具，我們稱之為「米輪尺」。當輪子在地上轉動的時候，圓形柵板也會跟著一起旋轉。感測頭是固定不動。此圖7-1所示，是一種光遮斷式的米輪尺。圖形柵板上有N個透光細縫，將於光接收器的輸出得到「有光」和「沒有光」的情形。當我們把「有光」和「沒有光」轉換成電壓大小不同的信號時，便能得到「邏輯0」和「邏輯1」兩種狀態。若圖形柵板有N個透光細縫時，輪子每轉一圈，光接收器就能得到N個脈波。假設輪子的半徑為R，則其圓周為$2\pi R$，那麼每一個脈波代表的距離PD為

$$PD = \frac{2\pi R}{N} \cdots\cdots 每一個脈波所代表的距離$$

若您設計了一個量測電路，可以計數脈波的數目，若總共計數的值為M，那麼所代表的直線距離D_T為

$$D_T = PD \times M = \frac{2\pi R}{N} \times M \cdots\cdots 所量測的距離$$

2.　那些元件可以拿來做旋轉偵側

　　可以當做旋轉項測的元件很多，於此我們將介紹兩種旋轉偵測的元件及其電路，(a)光電旋轉偵測和(b)磁性旋轉偵測。光電旋轉偵測又可分成光反射式和光遮斷式兩種。

⑴　**光電旋轉偵測**

　　圖 7-2 中的光發射器大都使用紅外線發光二極體，R_1 只是限流電阻，避免電流太大而把發光二極體燒掉。一般紅外線發光二極體的電流約在數十 mA。您可以先設定在 10mA，若發光強度不足，再把 R_1 減小一些，就能得到較強的光源。一般 $V_F \approx 1.2V \sim 2.1V$

$$R_1 = \frac{V_{CC} - V_F}{I_F} = \frac{V_{CC} - 1.2V}{10mA} \cdots\cdots 由您的 V_{CC} 決定 R_1 的大小$$

而光接收器都是光電晶體，只要有足夠的光源，就能使光電晶體導通。所以光電晶體可以把它看成是「不必外加 I_B，就可以由光控制 I_C 的 NPN 電晶體」，一般光電晶體承受 30mA～100mA 是沒有問題的(詳細規格，請參閱元件的資料手冊)。

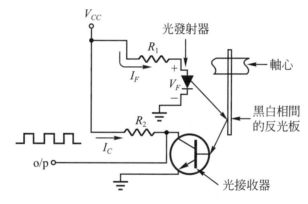

(a) 光反射式

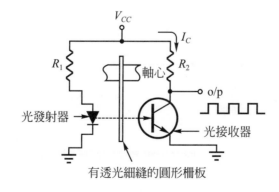

(b) 光遮斷式

圖 7-2　光電式旋轉偵測的元件與電路

所以R_2就是一般 NPN 電晶體的負載電阻，若V_{CC}在 15V 以下，R_2可以使用數 kΩ到數拾 kΩ。R_2愈大則接收愈靈敏，但易受雜訊干擾，且反應速度較慢(ms ～μs)。

圖 7-2(a)的說明：

發光二極體的光源照到白色區域時，反射的光較多，將使光接收器導通，則其輸出o/p ≈ 0.2V(邏輯 0)。若為黑色區域，反射光減弱，光接收器不導通，o/p ≈ V_{CC}(邏輯 1)。您可以改變R_1或R_2的阻值，以適合您的需求。

圖 7-2(b)的說明：

發光二極體的光源通過透光細縫時，光接收器導通o/p = 0.2V，遇到不透光的區域時，光接收器不導通o/p = V_{CC}。所以只要圓形柵板依序旋轉時，o/p就會得到 0 與 1 交互變化的脈波輸出，我們只要計算脈波的總數，就能計算所走的距離有多遠。

$$R_2 = \frac{V_{CC} - V_{CE(sut)}}{I_C} = \frac{V_{CC} - 0.2V}{(1mA \sim 10mA)} \cdots\cdots 您可以自己決定R_2的大小$$

上述求得R_1和R_2的公式，為經驗累積值，照著做應該都可以達到您的要求。最重要的是：您必須知道當改變R_1和R_2大小時，所代表的意義是什麼？

(2) **磁性旋轉偵測**

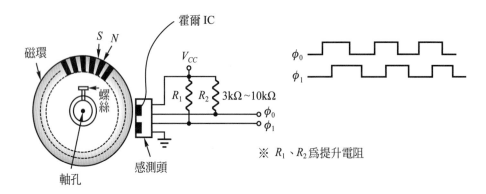

圖 7-3　磁性旋轉偵測的元件與電路

磁性旋轉偵測的元件為一個磁環和一個內含兩個霍爾 IC(Hall IC)的感測頭所組成。磁環上為N和S極相間的充磁規劃。Hall IC是一種能隨N極和S極而

感應到不同電壓的磁感元件。Hall IC 的輸出提供集極開路，所以必須外加R_1和R_2提升電阻接到V_{CC}。便能得到兩個相位相差約 90°的方波。若磁環上面共有 20 對N、S的排列，則當磁環轉一圈的時候，ϕ_0和ϕ_1必會輸出 20 個脈波，只要計算總脈波數，便能依前述光電式旋轉偵測的公式，得知直線距離的長短。

(3) **輸出電路的技術考量**

　　不論是光電式或磁性式的旋轉偵測器，幾乎都以集極開路的電晶體當做輸出電路，一定要加提升電阻。但旋轉的快慢必須加以確定。當旋轉速度很快的時候，若提升電阻用得太大，會使得輸出波形失眞，可能得到不是方波的波形。(即反應速度跟不上旋轉變化)。若旋轉速度很慢，則在 1 和 0 交替的時候，將變成緩慢上升或緩慢下降(類似三角波)的情形。所得到的輸出波形，將沒有前緣(由 0 快速轉爲 1)和後緣(由 1 快速轉爲 0)的觸發信號存在，有可能造成計數脈波個數的電路發生錯誤。

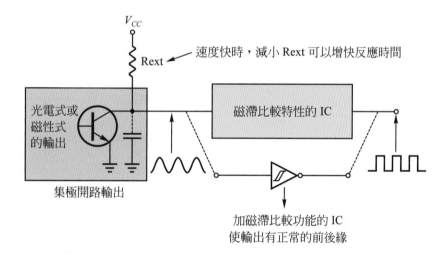

圖 7-4　輸出電路技術處理方法

　　減少 Rext 是爲了縮短因有輸出電容存在的充放電時間，才能使快速旋轉時，輸出波形能跟得上 0 與 1 快速的切換。圖 7-4 中所加的反相器，其符號中多了一個磁滯曲線(像胃藥廣告所繪製的胃)。磁滯比較器：在前章說明中已知上升時必須大於上限，下降時必須小於下限，才會改變輸出的狀態。如此一來代表具有磁滯比較特性的 IC，可以接受緩慢變化的波形當做輸入信號，其輸出將得到前後緣非常明顯的脈波。

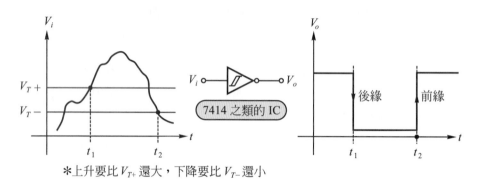

＊上升要比 V_{T+} 還大，下降要比 V_{T-} 還小

圖 7-5　磁滯比較性的說明

7-2　正反轉判斷與上、下數計數器

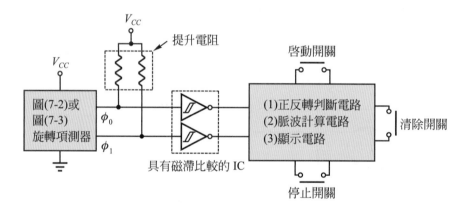

圖 7-6　米輪尺電路設計說明方塊圖

1. **旋轉偵測器**

　　您可以使用圖 7-2 或圖 7-3，光電式或磁性式的旋轉偵測電路，只是要留意提升電阻的大小及加入具有磁滯比較特性的 IC。

2. **正反轉判斷電路**

　　因米輪尺的使用時，當往前推代表距離增加，往後拉則代表距離減少。往前推時，脈波值向上計數，往後拉時，則必須向下計數。所以您必須確認到底是往前推「正轉」或是往後拉「反轉」，才能計數出正確的脈波數，用以顯示正確的距離值。

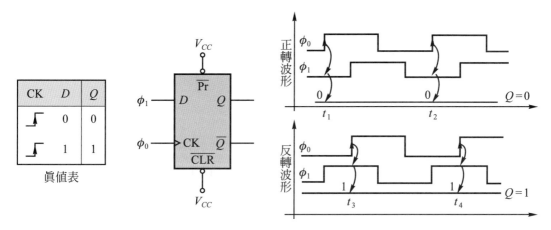

圖 7-7　用 D 型正反器做正、反轉的判斷

　　由真值表中得知 D 型正反器(74LS74)，在有 CLOCK CK 的前線(由 0 變到 1 的那一瞬間)，將得到 $Q = D$ 的結果。當正轉的時候，ϕ_0 的前緣(t_1)正好是 $\phi_1 = 0$，($\phi_0 = CK$、$\phi_1 = D$)，此時 $\phi_1 = D = 0$，則 $Q = 0$，到了 t_2 時，也是 $\phi_0 = CK$(前緣)，此時 $\phi_1 = D = 0$，所以 t_2 時 $Q = 0$。即代表當 $Q = 0$ 時為正轉。

　　反轉的時候，在 t_3 時，$\phi_0 = CK$(前緣)，$\phi_1 = D = 1$，所以 t_3 時，$Q = 1$，到了 t_4，依然是 $\phi_1 = D = 1$，則 Q 還是為 1。所以得知當 $Q = 1$，代表正在反轉。

> ＊正反轉判斷結果：$Q = 0$……正轉，必須使計數值向上加。
> ＊正反轉判斷結果：$Q = 1$……反轉，必須使計數值向下減。

3. **脈波計算電路**

　　因可能有往前推和往後拉的情形，(即正轉和反轉的情形)，必須使用能做上數和下數的計數器(Counter)，所以請您從資料手冊找到可以做上數和下數的 IC。我們找到有許多 IC 具有做上數和下數的功能。例如 74168、169 系列和 74190～74193 系列的計數 IC 都有上、下數的功能。但細分之下，我們發現，上、下計數器可以概分成兩大類。

> ＊時脈分離型：上數時脈(UP CLOCK)和下數時脈(DN CLOCK)各自
> 　　　　　　　分開。
> ＊模式選擇型：由一支模式選擇腳($U/\overline{D}$ 或 $\overline{U}/D$)，設定上、下數功能。

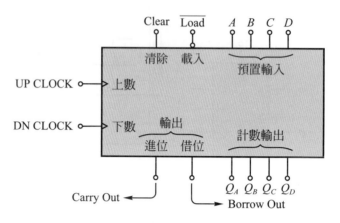

(a) 時脈分離型

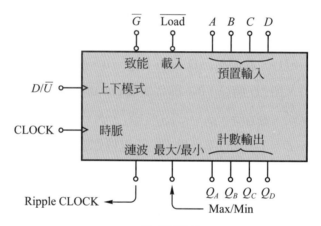

(b) 模式選擇型

圖 7-8　上、下計數器的基本分類

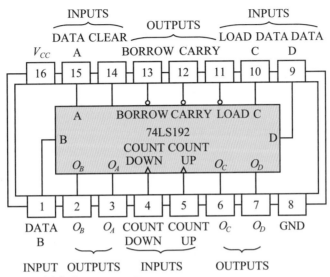

○4 bit 同步式 Up/Down Counter
○非同步式 PRESET
○非同步式 CLEAR

動作狀態

	輸入				輸出			動作
	Clear	Load	Count Up	Count down	$Q_A Q_B Q_C Q_D$	Carry out	Borrow out	
①	L	H	⎍	H	-	-	-	上數
②	L	H	H	⎍	-	-	-	下數
③	L	⎍L	X	X	DCBA	-	-	資料設定
④	⊓H	X	X	X	LLLL	-	-	清除
⑤	X	X	⎍L	X	HLLH	⎍L	H	-
⑥	X	X	X	⎍L	LLLL	H	⎍L	-

(a) 74LS192(時脈分離型)

圖 7-9　典型的上、下計數器 IC(全華 03245-01)

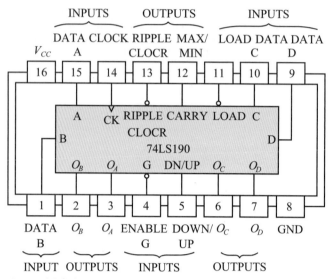

○4-Bit 同步式 Up/Down Counter
○非同步式 PRESET
○沒有 CLEAR 接端

動作狀態

	輸入				輸出			動作
	Load	D/$\overline{U}$	CK	G	$Q_A Q_B Q_C Q_D$	Ripple CK	Max Count	
①	H	L	⅃⎍	L	-	-	-	上數
②	H	H	⅃⎍	L	-	-	-	下數
③	⅃ (L)	X	X	X	DCBA	-	-	資料設定
④	X	L	⅃⎍	L	HHHH	⅃⎍	H	-
⑤	X	L	X	X	(HLLH)	H		
⑥	X	H	⅃⎍	L	LLLL	⅃⎍	H	-
⑦	X	H	X	X		H		

(b)74LS190(模式選擇型)

圖 7-9　典型的上、下計數器 IC(全華 03245-01)(續)

▦ 7-2-1　時脈分離型上、下計數器(74LS192)的使用說明

1. 清除動作：給一個正脈波(眞值表④)，清除為 0，只要在Pin14(CLEAR)接腳，接受到一瞬間的邏輯 1 時，就會把計數器輸出(Q_D，Q_C，Q_B，Q_A)全部清除為(0，0，0，0)，

2. 載入動作：給一個負脈波(眞值表③)，資料設定為(D，C，B，A)。當 Pin11($\overline{LOAD}$)接腳，接收到一瞬間的邏輯 0 時，就會把原先設定在(D，C，B，A)資料輸入腳的狀態，直接傳給(Q_D，Q_C，Q_B，Q_A)當做計數器的輸出值。意思是說：Pin1($\overline{LOAD}$)＝0以後，會得到(Q_D，Q_C，Q_B，Q_A)＝(D，C，B，A)的結果。

3. 向上計數動作：CLOCK由Pin5(CONUT UP)輸入，(眞值表①)，要讓 74LS192 可以做向上計數功能時，必須先使

    (1) CLEAR(Pin14)＝0，$\overline{LOAD}$(Pin11)＝1，COUNT DOWN(Pin4)＝1

    (2) 時脈由 COUNT UP(Pin5)輸入，每遇到時脈的前緣便做一次計數觸發，使($Q_DQ_CQ_BQ_A$)的數值向上加 1。

4. 進位輸出動作：CARRY OUT(Pin12)產生一個邏輯 0。(眞值表⑤)

    當在做向上計數的動作時，計數值為($Q_DQ_CQ_BQ_A$)＝9的時候，CARRY OUT(Pin12)＝0。若再接收到一次CLOCK前緣觸發後，($Q_DQ_CQ_BQ_A$)的數值會變回$(0)_{10}$。因74LS192是BCD碼十進制的計數器，其計數值為 0，1，2，……9，0，1，2，……。即當 9 結束的時候，CARRY OUT(Pin12)＝1。即向上計數動作時，當($Q_DQ_CQ_BQ_A$)的值正好等於 9 的時候，CARRY OUT(Pin12)＝0。

＊ CARRY OUT(Pin12)主要功用：多級向上計數串接。

---

5. 向下計數動作：CLOCK由Pin4(COUNT DOWN)輸入。(眞值表②)要讓74LS192可以做向下計數功能時，必須先使

    (1) CLEAR(Pin14)＝0，$\overline{LOAD}$(Pin11)＝1，COUNT UP(Pin5)＝1

    (2) 時脈由COUNT DOWN(Pin4)輸入，每遇到時脈的前緣便做一次計數觸發，使($Q_DQ_CQ_BQ_A$)的數值向下減 1。

6. 借位輸出動作：BORROW OUT(Pin13)產生一個邏輯0(真值表⑥)。

當做向下計數動作，並計數到$(Q_D，Q_C，Q_B，Q_A) = (0，0，0，0)$的時候，BORROW OUT(Pin13) = 0，向下計數的順序為 9，8，7，……0，9，8，……即當向下計數動作，且計數值$(Q_D Q_C Q_B Q_A)$正好為$(0)_{10}$的時候，BORROW OUT (Pin13) = $(0)_{10}$。

＊ BORROW OUT(Pin13)主要功用；多級向下計數串接。

---

7. 74LS192 的串接

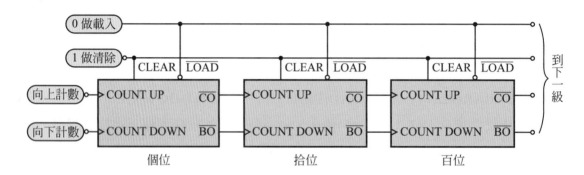

圖 7-10　74LS192 多級串接接線路圖

■ 7-2-2　模式選擇型上、下計數器(74LS190)的使用方法

＊請參閱圖 7-9 圖(b)的接腳圖和真值表。

---

1. 清除動作：沒有可以做清除控制的輸入腳，但可以使用載入控制完成清除的動作。

2. 載入動作：給一個負脈波(真值表③)，將使$(Q_D，Q_C，Q_B，Q_A) = (D，C，B，A)$ 當 Pin11 ($\overline{LOAD}$)接腳，接收到一瞬間的邏輯 0 時，就會把原先設定在 $(D，C，B，A)$資料輸入腳的狀態，直接傳給$(Q_D，Q_C，Q_B，Q_A)$當做計數器的輸出值。若$(D，C，B，A) = (0，0，0，0)$；在當 Pin11($\overline{LOAD}$) = 0的時候，$(Q_D，Q_C，Q_B，Q_A) = (0，0，0，0)$，相當於用載入控制，完成了清除的動作。

3. 向上計數動作：設定 Pin5$(D/\overline{U})$ = 0(真值表①)。

74LS190 要做向上計數的動作，必須完成如下設定

(1)　Pin11(LOAD) = 1，Pin5($D/\overline{U}$) = 0，Pin4(ENABLE G) = 0

(2)　時脈由 Pin14(CLOCK)輸入，每遇到時脈的前緣，便做一次計數觸發，使 ($Q_D Q_C Q_B Q_A$)的數值向上加 1。

4.　漣波時脈輸出動作：當向上計數到 9 的時候，會產生一個寬度為CLOCK週期一半的負脈波。而向下計數到 0 的時候，也會產生一個相同的負脈波。即上數到 9 或下數到 0，Pin13(RIPPLE CLOCK)會產生一個負脈波，如圖 7-11 所示。

5.　最大／最小輸出動作：向上計數到 9 或向下計數到 0，Pin12(MAX/MIN)會產生一個正脈波輸出。如圖 7-11 所示。MAX/MIN可用於不同計數IC串接使用。

6.　74LS190 的串接，如圖 7-12 所示。

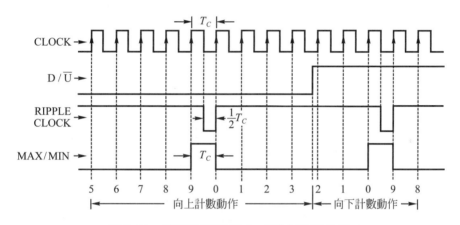

圖 7-11　漣波時脈與最大／最小波形分析

＊ RIPPLE CLOCK(Pin13)主要功用：多級上／下計數串接。

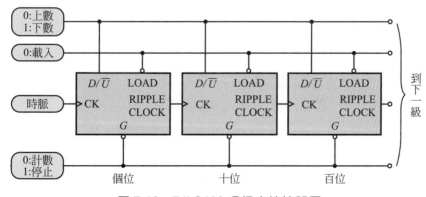

圖 7-12　74LS190 多級串接線路圖

7-3　時序圖之波形分析練習

除了會看真值表以外，時序圖的波形分析是一位電子工程師必須具備的基本能力。本單元將以 74LS192 和 74LS190 的時序圖以問答的方式，練習做時序圖的波形分析。

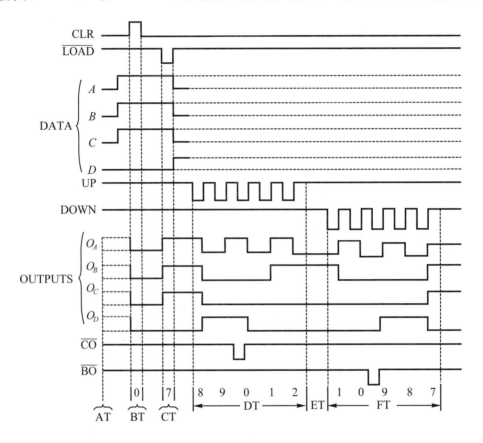

圖 7-13　74LS192 時序圖

1. 在 AT 時，為什麼$Q_A \sim Q_D$畫兩條平行的虛線？

2. 在 BT 時，為什麼$(Q_D，Q_C，Q_B，Q_A) = (0，0，0，0)$？

3. $\overline{LOAD} = 0$時，為什麼輸出值$[Q_D Q_C Q_B Q_A] = 7$？

4. 74LS190 的清除 CLR 和載入$\overline{LOAD}$為什麼均為非同步？

5. DT 的期間，為什麼是做上數動作？

6. ET 期間為什麼$(Q_D，Q_C，Q_B，Q_A)$還是為$(0，0，1，0)$？

7. FT 為向下計數，從那裡得知？

8. 何時進位輸出會得到一個負脈波？

9. 何時借位輸出會得到一個負脈波？

10. 不做計數時，UP 和 DOWN 要保持在那一種邏輯狀態？

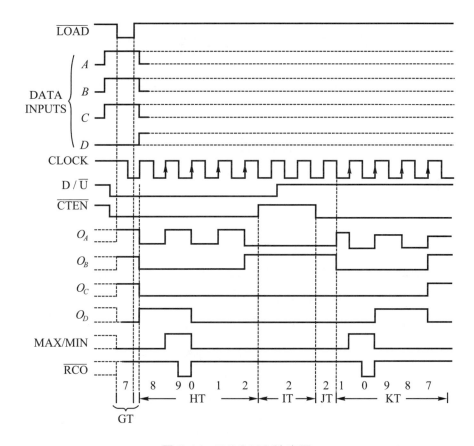

圖 7-14　74LS190 時序圖

1. 這顆 IC 沒有 CLEAR(清除)接腳，應如何達成清除的動作？

2. 若希望從 5 開始往上計數應如何做設定？

3. GT 的期間是完成了什麼動作？

4. HT 的期間為什麼是向上計數？

5. $\overline{\text{CTEN}}$(Pin4)，即接腳圖中的(ENABLE G)，有何功用？

6. IT 的期間是做什麼動作？

7. 為什麼 JT 的期間，計數值一直保持為 2？

8. $D/\overline{U}$ 和 $\overline{CTEN}$ 如何設定，才可以做向下計數？

9. 在什麼狀況下，MAX/MIN 會為邏輯 1？

10. 在什麼狀況下，$\overline{RCO}$(RIPPLE CLOCK，Pin13)會為邏輯 0？

7-4 上、下計數 IC 基本實驗

本單元為了讓學生能真正以「單步執行」的方式，看到上、下計數器的動作情形，所規劃的實驗項目。

7-4-1 74LS192 基本實驗

一、實驗線路

如圖 7-15 所示。

二、實驗記錄

1. 按一下 SWA，得到什麼結果？個位數值：＿＿＿＿＿＿，十位數值：＿＿＿＿＿＿。

2. 按一下 SWB，得到什麼結果？個位數值：＿＿＿＿＿＿，十位數值：＿＿＿＿＿＿。

3. 按幾下 LA-02 的 SW1，是做什麼動作？上數或下數：＿＿＿＿＿＿。

4. 按幾下 LA-02 的 SW2，是做什麼動作？上數或下數：＿＿＿＿＿＿。

5. 當沒有計數的時候，$N_1 =$ ＿＿＿＿＿＿，$N_2 =$ ＿＿＿＿＿＿。

6. 當個位數的數值為 0 的時候(按一下 SWB，就可以得到清除為 0)

   (1) 連續按 LA-02 的 SW2(做下數動作)，測個位的進位和借位輸出，當個位數值為多少時，$\overline{BO} = 0$？。

7. 把十位數計數器的 $(D，C，B，A)$ 設定為 $(0，0，0，1)$，個位數的計數 IC 設定為 $(D，C，B，A) = (1，0，0，1)$。

   (1) 按一下 SWA，得到結果為個位數值＝＿＿＿＿＿＿，十位數值＝＿＿＿＿＿＿。

   (2) 連續按 LA-02 的 SW1(做上數動作)，測個位的進位和借位輸出，當個位數值為多少時，$\overline{CO} = 0$。

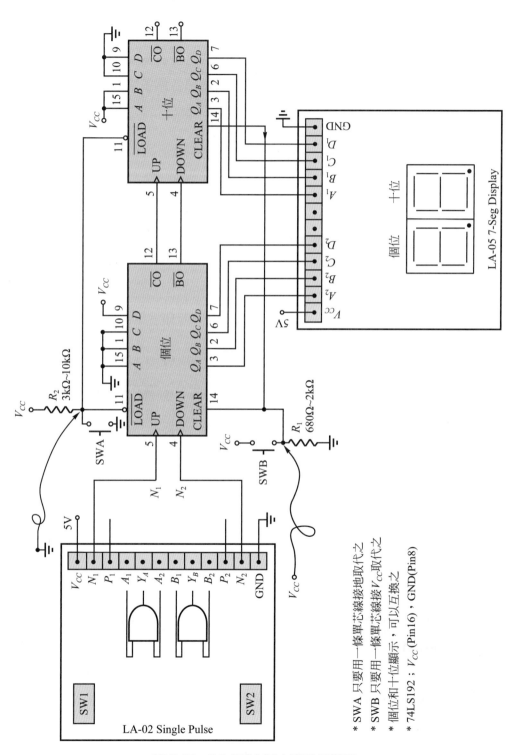

圖 7-15　74LS192 基本實驗接線圖

* SWA 只要用一條單芯線接地取代之
* SWB 只要用一條單芯線接 V_{CC} 取代之
* 個位和十位顯示，可以互換之
* 74LS192；V_{CC} (Pin16)，GND(Pin8)

三、實驗討論

1. 按一下 SWA 是做什麼動作？個位和十位的數值各為多少？

2. 按一下 SWB 是做什麼動作？個位和十位的數值各為多少？

3. 為什麼 R_1 的電阻不宜使用太大的阻值？

4. 如果不接 R_2 ($R_2 = 0\Omega$) 時，會發生什麼後果？

5. 想要從 36 開始往上計較，其步驟如何？

6. 想要從 68 開始往下計數，其步驟如何？

7. 請您繪製一組四位數 (個，十，百，千) 的計數器電路。

8. 想把時脈分離型變成模式選擇型，應該怎麼設計？

   提示：

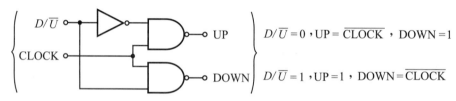

$D/\overline{U}$：上、下數模式選擇，CLOCK：計數時脈

圖 7-16　模式選擇型的輸入電路

9. 74LS191 和 74LS168 是什麼 IC？(上網列印下來)

▦ 7-4-2　74LS190 基本實驗

一、實驗線路

如圖 7-17 所示。

二、實驗記錄

1. 按一下 SWC，得到什麼結果？個位數值：_____，十位數值：_____。

2. 測 $D/\overline{U}$(Pin5) = _____，要做上數或下數：_____。

3. 按幾下：_____ LA-02 的 SW2 會使個位數值 = 9，十位數值 = 9。

4. 測 MAX/MIN Pin(12) = _____，RIPPLE CLOCK Pin(13) = _____。

5. 按下並壓住 LA-02 的 SW1，測 $D/\overline{U}$(Pin5) = _____，要做上數或下數：_____。

6. 按幾下：_____ LA-02 的 SW2，會使個位數值 = 0，十位數值 = 8。

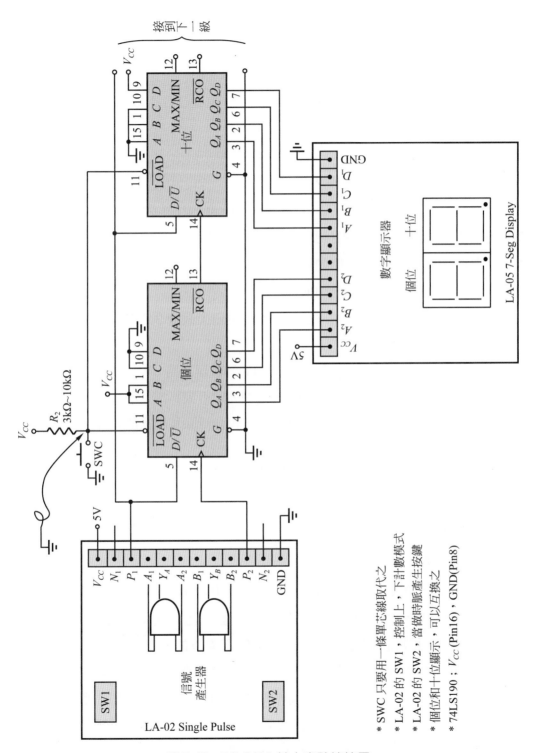

圖 7-17　74LS190 基本實驗接線圖

7. 測個位數計數器的 MAX/MIN Pin(12) = _____，RIPPLE CLOCK Pin(13) = _____。

8. 把個位數和十位數的(D，C，B，A)都設定為(0，0，0，0)，並按一下$\overline{LOAD}$ Pin(11)的 SWC，則(Q_D，Q_C，Q_B，Q_A) = (_____ ， _____ ， _____ ， _____)。

三、實驗討論

1. 按一下 SWC 是做什麼動作？

2. 想要做清除使(Q_D，Q_C，Q_B，Q_A) = (0，0，0，0)的步驟如何設定？

3. 若把圖 7-17 中的 G(Pin4)接到 V_{CC}，結果如何？

4. 想要從(47)$_{10}$往上計數，應如何操作？

5. 想要從(86)$_{10}$往下計數，應如何操作？

6. 為什麼 LA-02 的 SW2 一按下去，計數值便馬上改變？而手放開的那一瞬間，數值並沒有變化？

7. 請您繪製一組四位數(個、十、百、千)的計數器電路。

8. 74LS193 和 74LS169 是什麼 IC？(上網列印下來)

9. 請設計一組 16 位元上、下計數器電路，包含清除和載入的功能。

7-4-3　左去右回跑馬燈實習

一、實習接線圖

　　如圖 7-18 所示。

二、實習線路分析

　　74LS190 是一個模式選擇型的上、下計數器 IC，按一下 LA-02 的 SW1，將使 $N_1 = \overline{LOAD}$ Pin(11) = 0，做載入的動作，而使(Q_D，Q_C，Q_B，Q_A) = (D，C，B，A) = (0，0，0，0)，相當於所載入的動作，完成清除為 0 的工作。

　　當按 LA-02 的 SW2 時，每按一下，P_2 就產生一個正脈波，當做 74LS190 的 CLOCK(時脈)，便能使 74LS190 做一次計數動作。當 $D/\overline{U}$Pin(5) = 0 時，則上數計數值加 1，當 $D/\overline{U}$ = 1 時，則下數計數值減 1。目前我們用 LA-02 二進制計數器模板當做除 2 的電路，所以除 2 的電路；每次被觸發以後，其輸出狀態會自動反相的電路。

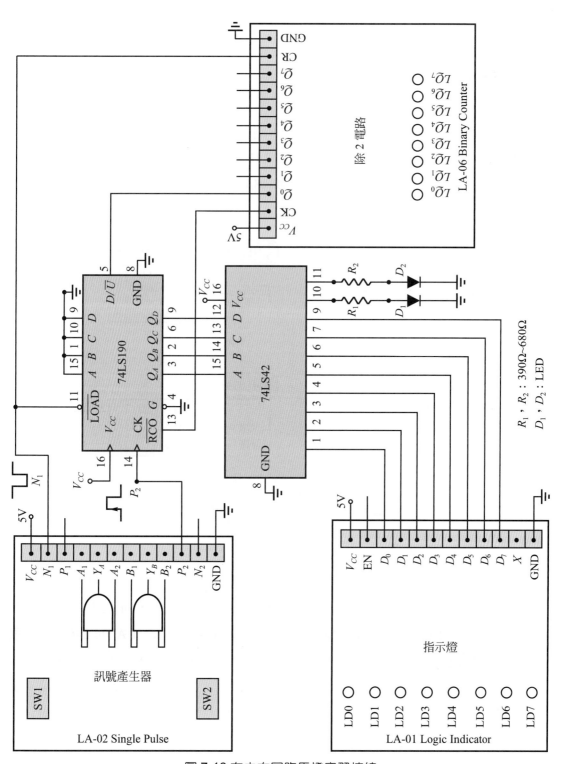

圖 7-18 左去右回跑馬燈實習接線

圖 7-19；用 74LS74 當除 2 的電路，是屬於前緣觸發型的除 2 電路，用 74LS73 當除 2 的電路，是屬於後緣觸發型的除 2 電路。而除 2 電路從圖 7-19 清楚地看到，每一次觸發以後，輸出狀態都和前次的狀態反相。另一種說法為：除 2 電路輸出的頻率為輸入 CLOCK(CK)的 1/2，所以叫做除 2 電路。

我們 LA-06 二進制計數模板，就是連續串接 8 組除 2 的電路，可以得到除 2，除 4，除 8，……除 256 的輸出。目前把 Q_0 接到 74LS190 的 $D/\overline{U}$，相當於由 LA-06 的除 2 輸出(Q_0)來控制上、下數的動作。茲分析動作情形如下：

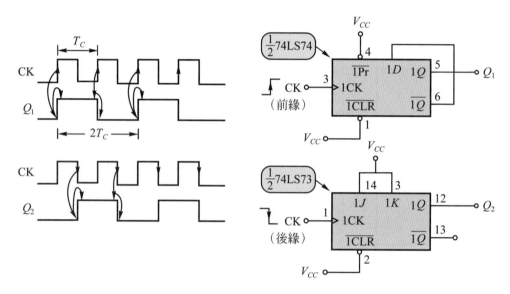

圖 7-19　正反器就能做除 2 的電路

1.　上數分析

(1)　首先按一下 LA-02 的 SW1，則 N_1 產生一個負脈波，將對 74LS190 做載入的動作，使得計數值(Q_D，Q_C，Q_B，Q_A) = (0，0，0，0)，同時對 LA-06 二進制計數器做清除，使得 LA-06 的($Q_0 \sim Q_7$) = 0，則 $D/\overline{U}$ = LA-06 的 Q_0 = 0，則將做向上計數的功能，因 74LS190 的(Q_D，Q_C，Q_B，Q_A) = (0，0，0，0)，則 74LS42 四對十解碼器的選擇輸入腳(D，C，B，A) = (0，0，0，0)，則 74LS42 輸出 Y_0 = 0，其它 $Y_1 \sim Y_9$ 都為 1。即只有一個 LED 不亮，其它(LD1，LD2……LD7 和 D_1，D_2)都會亮起來。

(2)　接著按 LA-02 的 SW2，使P_2連續產生正脈波，觀察所有 LED 顯示的情形。

2. 下數分析

　　　　當往上計數到 9 的時候，RIPPLE CLOCK Pin(13)$\overline{\text{RCO}}$會得到負脈波，該後緣被加到 LA-06 二進制計數的 CK，將對 LA-06 做一次計數觸發，則除 2 的輸出(LA-06 的Q_0)，將由 0 變成 1。相當於 74LS190 的$D/\overline{U}$重新設定為$D/\overline{U}=1$，表示接著下去要做下數的動作。

　　　　當一直按 LA-02 的 SW2 時，則數值往下減，9、8、7、……0，減到數值為 0 的時候，RIPPLE CLOCK Pin(13)$\overline{\text{RCO}}$又將得到負脈波，再次對 LA-06 二進制計數模板的 CK 做有效的計數觸發，則 LA-06 的Q_0將再度反相，由 1 變成 0，將使 74LS190 的$D/\overline{U}$重新設定為$D/\overline{U}=0$，表示接著會做上數的動作。

三、實習討論

1. 您所得到的結果，是否有左去右回的效果？
2. 74LS42 IC 的功用是什麼？

■ 7-4-4　上、下數自動切換實習

一、實習接線圖㈠

　　如圖 7-20 所示。

二、實習接線圖㈡

　　如圖 7-21 所示。

三、圖 7-20 實習記錄與討論：

1. 按 LA-02 的 SW1，得到什麼結果？數值：＿＿＿＿＿＿，上數或下數：＿＿＿＿＿＿。
2. 若顯示數目只有 2、4、6、8，故障可能在哪裡？(提示，Q_4一直等於 0)
3. 您的電路是否正常動作？＿＿＿＿＿＿。

四、圖 7-21 實習記錄與討論：

1. 若把 LA-04(B) 的 SW 不接地，是否有 1Hz 輸出？＿＿＿＿＿＿，為什麼？
2. 若想控制計數停止，應由 74LS190 那支接腳下手，怎麼做？
3. 若把$D/\overline{U}$ Pin(5) 改接到 LA-06 的Q_1，會使得到什麼結果？
4. 若把 RIPPLE CLOCK Pin(13)，改用 MAX/MIN Pin(12)，會得到什麼結果？

5. 如果 LA-02 的 N_1 被錯接到 P_1，會是什麼情形？

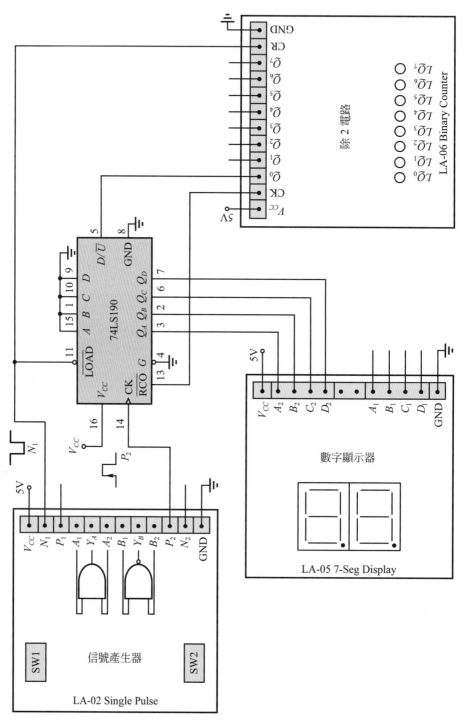

圖 7-20 上、下數自動切換實習線路

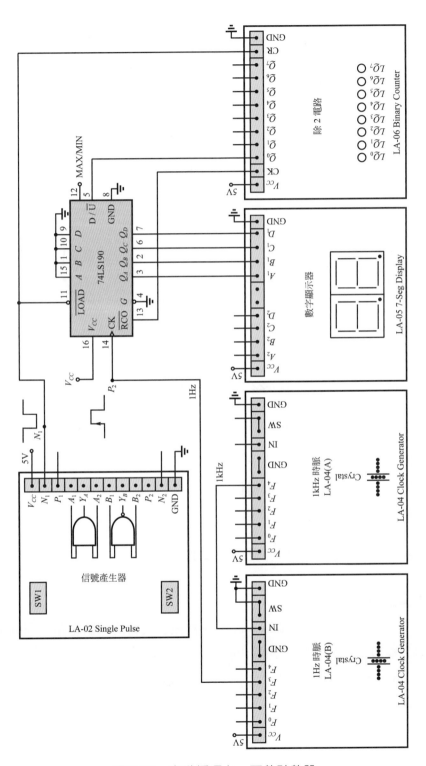

圖 7-21 自動循環上、下數計數器

7-5 米輪尺的設計與製作

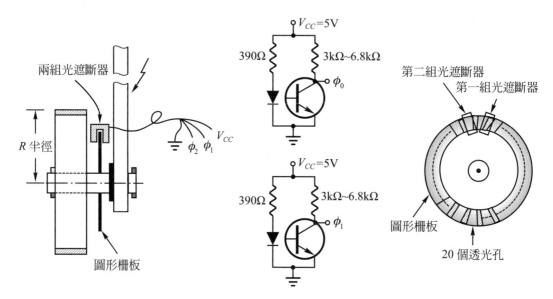

圖 7-22 旋轉偵測器的設計

一、米輪尺機構

1. 做一個直徑為 6.38 公分的輪子。(D_C 直徑)

2. 做一個有 20 個透光孔的圓形柵板。

3. 每一個脈波所代表的距離 PD 為

$$PD = \frac{\pi D_C}{20\ \text{脈波}} = \frac{20\ \text{公分}}{20\ \text{脈波}} = 1\ \text{公分／脈波}$$

二、米輪尺電路

1. 如圖 7-23 所示,為由 74LS74 的 ICA 當做正反轉的判斷電路,在圖 7-8 已詳細說明怎樣以兩組光遮斷器的輸出 ϕ_0 和 ϕ_1,完成正反轉的確認信號(Y_C),Y_C 接到 74LS190 的 $D/\overline{U}$ Pin(5)以控制上數或下數動作。

> ＊若前進變成下數,則只要把 ϕ_0 和 ϕ_1 兩線互換就可正常運作。

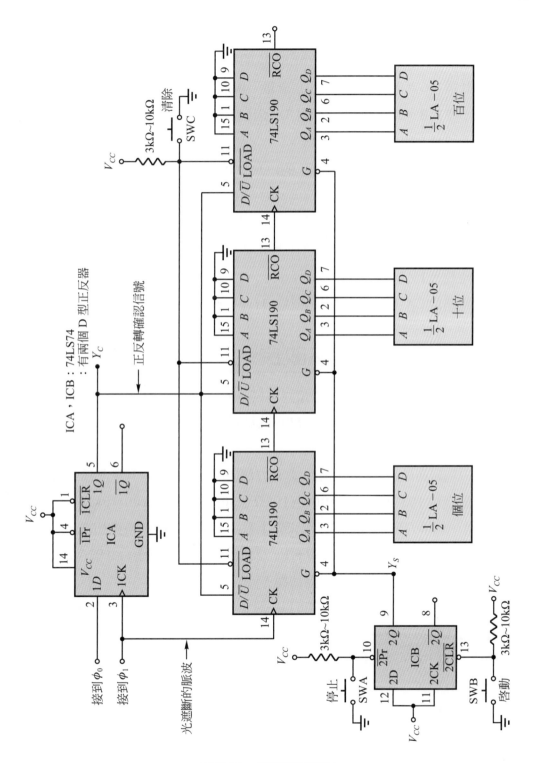

圖 7-23　米輪尺線路圖

2. 首先按一下SWA，將使ICB的$\overline{2Pr}=0$，即對D型正反器下達預置的命令，將使 $2Q=Y_S=G=1$，而Y_S乃接到74LS190的ENABLE G Pin(4)，$G=1$：74LS190 停止計數，$G=0$；74LS190可以計數。所以SWA是當做停止計數的觸碰開關。

3. 按一下 SWB，$\overline{2CLR}=0$，即對 D 型正反器下達清除的命令，將使$2Q=Y_S=G$ $=0$，則74LS190可以正常計數。

4. 按一下 SWC，所有 74LS190 的$\overline{LOAD}$ Pin(11)$=0$，將做載入的動作，使得 $(Q_D，Q_C，Q_B，Q_A)=(D，C，B，A)=(0，0，0，0)$，即對 74LS190 完成計 數值清除爲 0 的工作。便能使每一次的量測都能由 0 公分開始計算。

5. 前進時，$Y_C=0=D/\overline{U}$，計數值往上增加。(上數動作)

6. 後退時$Y_C=1=D/\overline{U}$，計數值往下減少。(下數動作)

7. 顯示電路由 LA-05 擔綱演出，或您自行設計更好。

7-6　米輪尺的產品改良

　　圖 7-24 這個線路和圖 7-23 幾乎相同，只是多加了三個指撥開關(DIP1～DIP3)， 用來做初始值的設定。R_A、R_B、R_C爲 5Pin 的排阻，接到指撥開關的每一支接腳，爲了 畫圖方便，目前只畫一個電阻代表之。

　　排阻是一種廠商做好整排的電阻，非常方便使用，只要留意其標記爲共用腳(COM) 就可以了。圖示中 103 代表$10\times1000=10k\Omega$，302 代表$30\times100=3k\Omega$。

　　SWD 是一個單刀參投的開關，用來做上數、下數之手動和自動切換。切到 1 時： $D/\overline{U}=0$，上數動作。切到 2 時：$D/\overline{U}=1$，下數動作。切到 3 時：由 ICA 的$1Q=Y_C$(正 反轉確認信號)，做上數和下數的自動切換。

　　若您想測量 5.68 公尺的距離，您可以先設定好指撥開關的數值，使得個位、十位、 百位的資料輸入端分別設定爲

1. 個位：$(D，C，B，A)=(1，0，0，0)$……代表 8 公分

2. 十位：$(D，C，B，A)=(0，1，1，0)$……代表 60 公分

3. 百位：$(D，C，B，A)=(0，1，0，1)$……代表 5 公尺

4. 按一下 SWC，做載入，則數值將顯示 568。

5. SWD 切到 2，$D/\overline{U}=1$，代表要做下數動作。

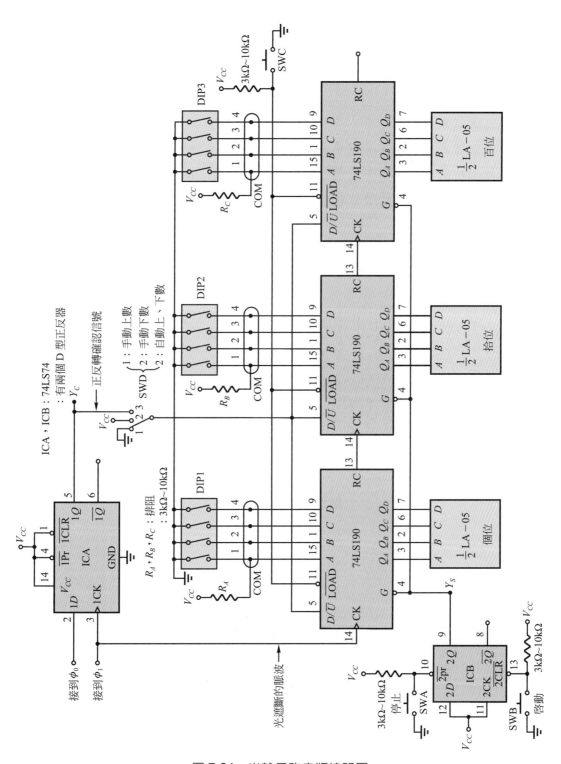

圖 7-24　米輪尺改良版線路圖

6. 米輪尺往前推，因 $D/\overline{U} = 1$ 在做下數，則數值開始遞減。

7. 當數值減到 0 的時候，正代表 5.67 公尺，接著數值為因下數動作而成為 999。此時正好是 5.68 公尺。

＊思考問題

　當數值為 999 時，希望有一個 LED 會閃爍或蜂鳴器會叫，應如何設計此功能。【提示：當向下計數到 0 的時候，MAX/MIN 及 RIPPLE CLOCK 會得到什麼信號】

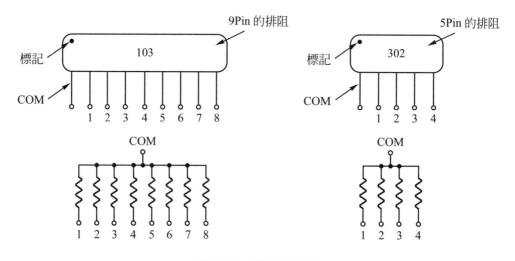

圖 7-25　排阻的標記

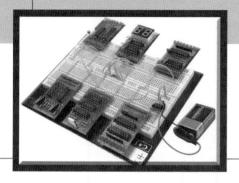

Chapter 8

為體育老師做一台百米
賽跑多人計時器

8-1 問題思考與解答

■ 問題思考

1. 數位電路中，以什麼代表時間？—(脈波的週期)。

2. 怎樣計算總共有多少個脈波。

3. 一組脈波計數電路，怎樣達到多組計時紀錄的功能？

4. 怎樣完成漂亮的數字顯示。

● 問題解答

1. **數位電路中的時間單位**

什麼叫做 100Hz；1 秒中有 100 個脈波的意思。則每一個脈波的週期就是
百分之一秒，所以在數位電路中要完成計時電路的設計，必須先設法產生頻率穩
定的脈波信號(方波或週期固定的脈波)。

＊常識＊

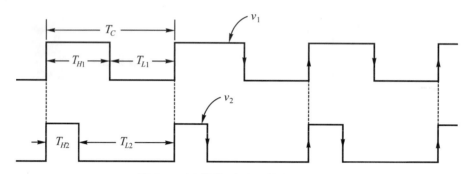

圖 8-1　週期為計時器的基本單位

v_1和v_2的週期都是T_c、v_1為方波，$T_{H1} = T_{L1}$，v_2不是方波$T_{H1} \neq T_{L2}$，但v_1和v_2兩次前緣或兩次後緣之間的寬度都相同。所以我們可以拿「計數器」來計算總共有多少個前緣或有多少個後緣，便能得知所計算的時間有多久。這些脈波我們稱之為時脈(CLOCK)。

2. **時脈信號怎樣產生呢？**

在電子領域中，可以自動產生波形的電路稱之為振盪器，可以拿來做振盪器的元件：電晶體(BJT)、電晶體(FET)、運算放大器(OP Amp)、計時IC(TIMER：如LM555)、數位邏輯閘(GATE)，其它各種可以產生波形輸出的元件實在太多。

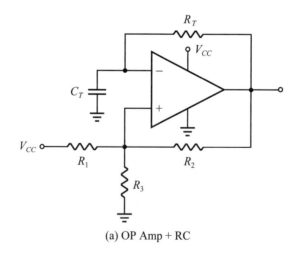

(a) OP Amp + RC

圖 8-2　產生方波的參考資料

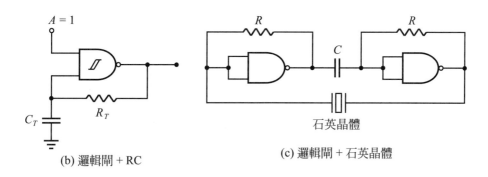

(b) 邏輯閘 + RC　　　　　　(c) 邏輯閘 + 石英晶體

圖 8-2　產生方波的參考資料(續)

　　僅提供圖 8-2 三種產生方波的方法供您參考。圖(a)和圖(b)主要是由R_T和C_T來決定振盪頻率，且所使用的電源電壓V_{CC}的大小也會改變振盪頻率。圖(c)決定振盪頻率的主要元件是石英晶體。目前石英晶體的製造已相當成熟，其頻率誤差也很小，您電腦內所使用的 COLCK 就是圖(c)這一類的結構。

3. 產生精確的時脈

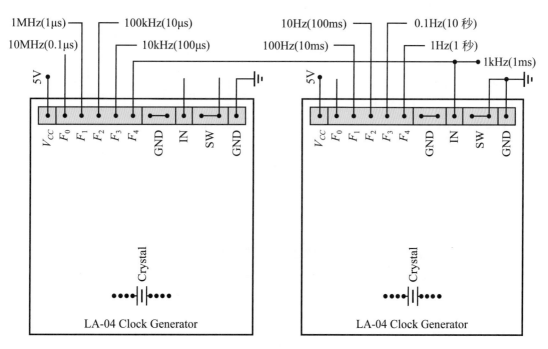

圖 8-3　產生精確 CLOCK 的方法

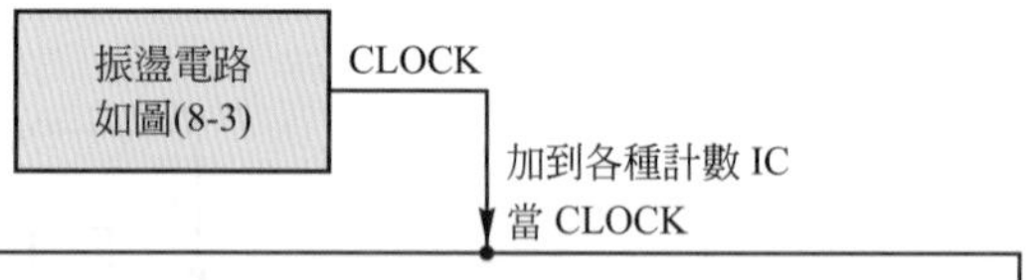

振盪電路
如圖(8-3)

CLOCK

加到各種計數 IC
當 CLOCK

Asynchronus Counter　　非同步計數器

cct_type	#	clock	clear	load	logic	out	remarks	pin	type
BCD_US_COUNT	1	↓	H&H	H&H: 9	POS		2×5; VCC 5 , 10	14	90
BCD_US_COUNT	1	↓	H&H	H&H: 9	POS		2×5	14	290
BCD_US_COUNT	2	↓	H		POS		2×5; DUAL SEPARATED	16	390
BCD_US_COUNT	2	↓	H	H: 9	POS			16	490
BCD_US_COUNT	1	↓	L	L	POS		2×5	14	196
16C_US_COUNT	1	↓	H&H		POS		2×8; VCC 5 , 10	14	93
16C_US_COUNT	1	↓	H&H		POS		2×8	14	293
16C_US_COUNT	2	↓	H		POS		2×8; DUAL SEPARATED	14	393
16C_US_COUNT	1	↓	L	L	POS		2×8	14	197
12C_US_COUNT	1	↓	H&H		POS		2×6; VCC 5, 10	14	92

Synchronus Counter　　同步計數器

cct_type	#	clock	clear	control	logic	out	remarks	pin	type
BCD_S_COUNT	1	↑	L	L	POS		SYNCHRONUS LOAD	16	160
BCD_S_COUNT	1	↑	L	L	POS		SYNCHRONUS CLEAR.LOAD	16	162
BCD_S_COUNT	1	↑	L	L	POS	3S	160 + 175 + 257	20	690
BCD_S_COUNT	1	↑	L	L	POS	3S	162 + 175 + 257	20	692
BCD_S_COUNT	1	↑	L.L	L.L	POS	3S	SYNC.ASYNC LOAD.CLEAR	20	560
BCD_UD_COUNT	1	↑		L.L:UP	POS			16	190
BCD_UD_COUNT	1	↑ . ↑	H	L	POS		UP/DOWN SEPARATED CLOCK	16	192
BCD_UD_COUNT	1	↑		L.L:DOWN	POS		SYNCHRONUS LOAD	16	168
BCD_UD_COUNT	1	↑		L.L:DOWN	POS		LOW SPEED VERSION OF 168	16	668
BCD_UD_COUNT	1	↑	L.L	L	POS	3S	SYNC LOAD:SYNC.ASYNC CLEAR	20	568
BCD_UD_COUNT	1	↑	L	L	POS	3S	168 + 175 + 257	20	696
BCD_UD_COUNT	1	↑	L	L	POS	3S	168 + 175 + 257:SYNC CLEAR	20	698
16C_S_COUNT	1	↑	L	L	POS		SYNCHRONUS LOAD	16	161
16C_S_COUNT	1	↑	L	L	POS		SYNCHRONUS CLEAR.LOAD	16	163
16C_S_COUNT	1	↑	L	L	POS	3S	161 + 175 + 257	20	691
16C_S_COUNT	1	↑	L	L	POS	3S	163 + 175 + 257	20	693
16C_S_COUNT	1	↑	L.L	L.L	POS	3S	SYNC.ASYNC LOAD.CLEAR	20	561
16C_UD_COUNT	1	↑		L.L:UP	POS			16	191
16C_UD_COUNT	1	CF	H	L	POS		UP/DOWN SEPARATED CLOCK	16	193
16C_UD_COUNT	1	↑		L.L:DOWN	POS		SYNCHRONUS LOAD	16	169
16C_UD_COUNT	1	↑		L.L:DOWN	POS		LOW SPEED VERSION OF 169	16	669
16C_UD_COUNT	1	↑	L.L	L	POS	3S	SYNC LOAD:SYNC.ASYNC CLEAR	20	569
16C_UD_COUNT	1	↑	L	L	POS	3S	169 + 175 + 257	20	697
16C_UD_COUNT	1	↑	L	L	POS	3S	169 + 175 + 257:SYNC CLEAR	20	699
256C_UD_CNT	1	↑	L	L	POS		SYNCHRONUS LOAD	24S	867
256C_UD_CNT	1	↑	L	L	POS		SYNCHRONUS CLEAR.LOAD	24S	869
256C_S_COUNT	1	↑ . ↑	L	L	POS	3S	WITH OUTPUT D-FF	16	590
256C_S_COUNT	1	↑ . ↑	L	L	POS	OC	WITH OUTPUT D-FF	16	591
256C_S_COUNT	1	↑ . ↑	L	L	POS		WITH INPUT D-FF	16	592
256C_S_COUNT	1	↑ . ↑	L	L	POS		I/O COMMON:WITH INPUT D-FF	20	593

圖 8-4　可以當計數器的 IC，(全華 03245-01)

若想得到 0.01 秒當做計算單位時，必須做一個 100Hz 的方波產生器，但 100Hz 產生器只要有 1%的誤差，就是百分之一秒，若我們先用石英晶體產生 10MHz 的方法，然後再除以 10,000，就能得到很準確的 100Hz 當做計數器的 CLOCK。

我們的實驗模板LA-04 就是這種電路，LA-04 可以產生 10MHz、1MHz、100kHz、10kHz 和 1kHz。若把兩塊 LA-04 串接使用，您就會有 100Hz、10Hz、1Hz和0.1Hz的方波可以使用。分別有0.01秒、0.1秒、1秒和10秒當「計時器」的基本計時單位。

4. **計時器就是計數器**

加固定頻率的時脈到計數器，所得到的計數值N。所加時脈週期為T_C，則總計時值T_M為：$T_M = N \times T_C$。

圖 8-4 所列出的計數器 IC，有同步計數器和非同步計數器，都可以被用來做「計時電路」，其中 74LS90 系列非同步計數器 74LS90、92、93、290、293、390、393 可說都有著相同的使用方法，而 74LS390 是 74LS90 系列的「雙胞胎IC」，一顆 74LS390 IC內含兩個 74LS90。LA-04、LA-03、LA-06 乃用到 74LS390 和 74LS393。

74LS160〜74LS163 是一般典型的同步計數器，我們將在本章中做一次詳細的說明，而74LS190系列上、下計數功能的IC，已在第七章做詳細使用方法說明。

所以您想做一個計時器，所能使用的 IC 實在太多，所以不要老是「抄別人的線路」，看懂真值表(或時序圖)，就可以任意挑「材料室」有的 IC 來用，不要又跑去買IC。

> ＊要記得：
> 父母賺錢不容易，學校有的，就盡量想辦法把它用到您設計的線路中，您會學到更多的技術和屬於您自己的創意。

5. **怎樣實現多組紀錄的功能**

當做百米、兩百米、八百米……跑步測驗的時候，計時器在被啟動以後，就會一直處於計時動作的狀態。則所顯示的數值也一直在改變。當有人跑到終點的

時候，按一下SWA，就能把他所花的時間存入資料閂鎖器中，顯示電路只顯示資料閂鎖的輸出資料(第一名所花的時間)，顯示器所顯示的數值不會隨時間而改變，便能記下正確的時間，而此時計時電路，依然繼續做計時動作。當第二名到達終點時，則只要再按一下SWA，立即把第二名所花的時間存入資料閂鎖器，並顯示其數值。

那麼有那些IC可以當做資料閂鎖器呢？如表8-1～表8-2所列的IC，都可以被拿來當閂鎖器使用。

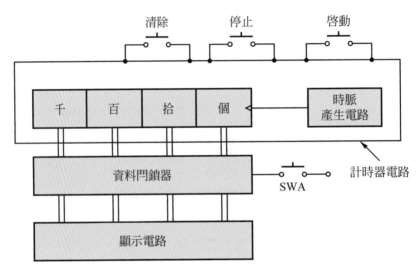

圖 8-5　瞬間資料閂鎖的方法

8-2　資料閂鎖 IC 的認識與使用

我們以74LS374和74LS574做為資料閂鎖器，其接腳和真值表如圖8-6所示。您將發現這兩顆IC的功能完全相同，只是接腳的排列方法不一樣。而(74LS373和74LS374)與(74LS573和74LS574)的接腳彼此相同，其間的差別為觸發的方式。(74LS373和74LS573)位準觸發，(74LS374和74LS574)為前緣觸發。

表 8-1　位準觸發門鎖器(全華 03245-01)

Latch & Register with Bus Driver

cct type	#	gate	clear	control	logic	out	remarks	pin	type	LS	ALS	ALSK	F	AS	AC	ACT	HC	HCU	HCT	3.3V	BC	BCT	Page
RS-FF	4	L.L.L.L	L.L.L.L		POS		2 CCTS WITH 2 SET INPUTS	16	279	*							*						167
LATCH	4	H.H			P.N		2+2 COMMON CONTRDL;VCC 5.12	16	75	*							*						60
LATCH	4	H.H			P.N		2+2 COMMON CONTRDL	16	375	*							*						195
LATCH	4	H.H			POS		2+2 COMMON CONTRDL;VCC 4.11	14	77	*							*						62
LATCH+BUFF	8	H.H	L.L	L.L	POS	3S	4+4 COMMON CONTRDL	24S	873	*		*											311
LATCH+BUFF	8	H.H	L.L	L.L	NEG	3S	4+4 COMMON CONTRDL;CLEARED=H	24S	880	*		*											–
LATCH+BUFF	8	H		L	POS	3S	H LEVEL OUTPUT(3.65V)	20	363	*													–
LATCH+BUFF	8	H		L	POS	3S	IN/OUT PINS ARE ADJOIN	20	373	*	*	*	*	*		*	*		*		*	*	193
LATCH+BUFF	8	H		L	POS	3S	IN/OUT PINS ARE OPPOSITE	20	573	*	*	*	*	*		*	*		*	*	*	*	238
LATCH+BUFF	8	H		L	NEG	3S	IN/OUT PINS ARE OPPOSITE	20	563	*	*		*			*							233
LATCH+BUFF	8	H		L	NEG	3S	IN/OUT PINS ARE OPPOSITE	20	580	*	*	*											243
LATCH+BUFF	8	H		L	NEG	3S	IN/OUT PINS ARE ADJOIN	20	533	*	*	*	*	*		*	*		*	*			225
LATCH+BUFF	8	H	L		POS	3S	8212	24W	412		*	*											–
LATCH+BUFF	8	H	L		NEG	3S	NEGATIVE LOGIC VESION OF 8212	24W	432			*											–
ADD_LATCH	1	H	L		POS		1 IN 3 BITS ADDRESS	16	256	*	*	*	*	*		*							160
ADD_LATCH	1	H	L		POS	3S	1 IN 3 BITS ADDRESS	16	259	*	*	*	*	*		*	*	*					163
LATCH+BUFF	10	H		L	POS	3S		24S	841	*	*												304
LATCH+BUFF	10	H		L	NEG	3S		24S	842	*	*												305
LATCH+BUFF	9	H+EN		L	POS	3S		24S	843	*	*												306
LATCH+BUFF	9	H+EN		L	NEG	3S		24S	844	*	*												307
LATCH+BUFF	8	H+EN	L	L&L&L	POS	3S		24S	845	*				*									308
LATCH+BUFF	8	H+EN	L	L&L&L	NEG	3S		24S	846					*									–
LATCH+BUFF	10	H		L	POS	3S		24S	841	*	*												304
LATCH+BUFF	10	H		L	NEG	3S		24S	842	*	*												305
LATCH+BUFF	9	H+EN		L	POS	3S		24S	843	*	*												306
LATCH+BUFF	9	H+EN		L	NEG	3S		24S	844	*													307
LATCH+BUFF	8	H+EN	L	L&L&L	POS	3S		24S	845	*				*									308
LATCH+BUFF	8	H+EN	L	L&L&L	NEG	3S		24S	846					*									–

表 8-2　邊緣觸發(D 型正反器)閂鎖器(全華 03245-01)

D-Flipflop & D-Register with Bus Driver

cct_type	#	clock	clear	control	logic out	remarks	pin	type	LS	ALS	ALSK	F	AS	AC	ACT	HC	HCU	HCT	3.3V	BC	BCT	Page
D-FF	2	↑		L	P.N	SEPARATED;CONTROL=PRESET	14	74	*													59
D-FF	4	↑		L	P.N	COMMON CONTROLS	16	175	*								*	*	*			124
D-FF	4	↑	+EN		P.N	COMMON CONTROLS	16	379	*			*			*	*						198
2 IN_D-FF	4	↑		L : #1	POS	2 SORT OF DATA INPUT;COMMON	16	399	*			*			*							208
2 IN_D-FF	4	↑		L : #1	P.N	2 SORT OF DATA INPUT;COMMON	20	398	*			*	*									207
2 IN_D-FF	4	↑		L : #1	POS	2 SORT OF DATA INPUT;COMMON	16	298	*			*		*	*	*						176
D-FF+BUFF	4	↕	H	L&L	POS 3S	WITH 2 INPUT ENABLES,COMMON	16	173	*			*			*	*		*	*			122
D-FF+BUFF	6	↑	L		POS 3S	COMMON CONTROLS	16	174	*	*		*	*	*	*	*		*	*			123
D-FF+BUFF	6	↑	+EN		POS 3S	COMMON CONTROLS	20	378	*	*		*	*	*	*	*						197
D-FF+BUFF	8	↓,↓	L,L	L,L	POS 3S	4+4 COMMON CONTROL	24S	874		*											*	312
D-FF+BUFF	8	↓,↓	L,L	L,L	NEG 3S	4+4 COMMON CONTROL	24S	876		*											*	–
D-FF+BUFF	8	↓,↓	L,L	L,L	POS 3S	4+4 COMMON CONTROL;SYNC CLR	24S	878		*			*							*	*	–
D-FF+BUFF	8	↓,↓	L,L	L,L	NEG 3S	4+4 COMMON CONTROL;SYNC CLR	24S	879		*			*							*	*	–
D-FF	8	↑	L		POS	IN/OUT PINS ARE ADJOIN	20	273	*	*		*	*	*	*	*		*	*		*	166
D-FF	8	↑	+EN		POS	IN/OUT PINS ARE ADJOIN	20	377	*	*		*	*	*	*	*		*				196
D-FF+BUFF	8	↑		L	POS 3S	3.65V OUTPUT TYPE OF 374	20	364	*													–
D-FF+BUFF	8	↑		L	POS 3S	IN/OUT PINS ARE ADJOIN	20	374	*	*		*	*	*	*	*		*	*	*	*	194
D-FF+BUFF	8	↑		L	POS 3S	IN/OUT PINS ARE OPPOSITE	20	574	*	*		*	*	*	*	*		*	*	*	*	239
D-FF+BUFF	8	↑		L	NEG 3S	IN/OUT PINS ARE OPPOSITE	20	564	*	*			*	*		*				*	*	234
D-FF+BUFF	8	↑		L	NEG 3S	IN/OUT PINS ARE OPPOSITE	20	576	*	*			*	*							*	241
D-FF+BUFF	8	↑		L	NEG 3S	IN/OUT PINS ARE ADJOIN	20	534	*	*			*	*	*	*		*	*	*	*	226
D-FF+BUFF	8	↑	L	L	POS 3S	SYNCHRONUS CLEAR	24S	575	*	*				*					*			240
D-FF+BUFF	8	↑	L	L	NEG 3S	SYNCHRONUS CLEAR	24S	577	*	*			*	*					*			242
D-FF+BUFF	10	↑		L	POS 3S	108 IT VERSION OF 74574	24S	821				*	*	*								296
D-FF+BUFF	10	↑			NEG 3S		24S	822				*	*									297
D-FF+BUFF	9	↑		+EN	POS 3S		24S	823				*	*		*							298
D-FF+BUFF	9	↑		+EN	NEG 3S		24S	824				*	*									299
D-FF+BUFF	8	↑		+EN	POS 3S		24S	825	*			*	*		*							300
D-FF+BUFF	8	↑		L&L&L	NEG 3S		24S	826				*	*									–
D-FF+BUFF	10	↑		L&L&L	POS 3S		24S	821				*	*		*							296
D-FF+BUFF	10	↑		L	NEG 3S		24S	822				*	*									297
D-FF+BUFF	9	↑		L	POS 3S		24S	823				*	*		*							298
D-FF+BUFF	9	↑		L	NEG 3S		24S	824				*	*									299
D-FF+BUFF	8	↑		L&L&L	POS 3S		24S	825				*	*		*							300
D-FF+BUFF	8	↑		L&L&L	NEG 3S		24S	826				*	*									–

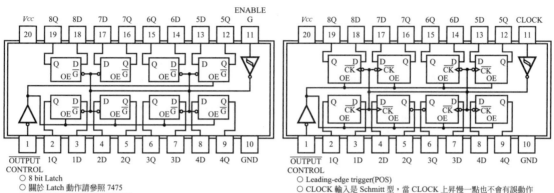

○ 8 bit Latch
○ 關於 Latch 動作請參照 7475
○ 輸出是 3 state 可以使用在主線
○ Output Control 為 H 的話，輸出是高阻抗狀態
○ G＝L 時資料將保持
○ G＝H 時，輸出資料隨輸入資料變化

(a) 74LS373 接腳圖

○ Leading-edge trigger(POS)
○ CLOCK 輸入是 Schmitt 型，當 CLOCK 上昇慢一點也不會有誤動作

(b) 74LS374 接腳圖

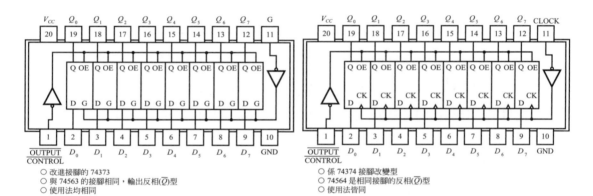

○ 改進接腳的 74373
○ 與 74563 的接腳相同，輸出反相($\overline{Q}$)型
○ 使用法均相同

(c) 74LS573 的接腳圖

○ 係 74374 接腳改變型
○ 74564 是相同接腳的反相($\overline{Q}$)型
○ 使用法皆同

(d) 74LS574 的接腳圖

圖 8-6　74LS373、374、573、574 的接腳圖

　　從表 8-3 就能清楚，這些 IC 都具有「三態輸出」；邏輯 0，邏輯 1 和高阻抗狀態(輸出端斷路)，高阻抗狀態是一種完成「輸出並接」的好方法。本章也會加以介紹及使用。

表 8-3 八位元資料門鎖 IC 之真值表

表(a) 74LS373 和 74LS573

輸入		說明
$\overline{OC}$ Pin1	G Pin11	
L	L	輸出不隨輸入改變(保持)
L	H	輸出隨輸入改變($Q=D$)
H	X	輸出高阻抗狀態(斷路的意思)

表(b) 74LS374 和 74LS574

輸入		說明
$\overline{OC}$ Pin1	CLOCK pin11	
L	H	輸出不隨輸入改變(保持)
L	L	
L	⌐	把 CLOCK 前緣時的輸入門鎖起來
H	X	輸出高阻抗狀態(斷路的意思)

圖 8-7 中兩個 74LS374 的 CK 和 $\overline{OC}$ 都為輸入接腳,當遇到 CLOCK 的前緣那一瞬間,會將這一瞬間($D_0 \sim D_7$)的狀態直接存入其內八個 D 型正反器之內,並由($Q_0 \sim Q_7$)當輸出,而目前因 $\overline{OC}$(pin1)接地,則 $\overline{OC}=0$,代表($Q_0 \sim Q_7$)可以正常輸出。

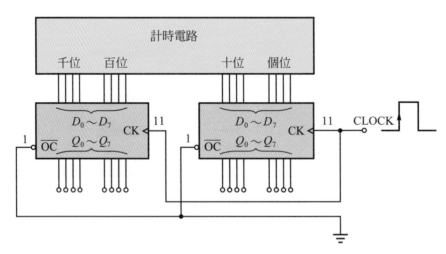

圖 8-7 資料門鎖之接線方法(74LS374 或 574)

　　若 $\overline{OC}=1$，則輸出將成為高阻抗狀態。具有「三態輸出」的IC，相當於在IC內部到輸出接腳之間串接了一個開關，74LS373 和 74LS378 共有八支輸出腳，所以共有八個串接開關。而這些開關是「同步運動型開關」，ON或OFF八個開關動作完全一致。而控制這些開關 ON 和 OFF 控制腳即為(output control)$\overline{OC}$(Pin1)。當處於高阻抗狀態時，八個開關都 OFF。如此一來縱使八個 D 型正反器已有資料存在($Q_0 \sim Q_7$)，但也無法送到每一支輸出接腳。簡單的說：當處於高阻抗狀態的時候，這些輸出接腳和 IC 內部的電路完全脫離(斷路)。「斷絕關係」或「斷絕往來」的意思。

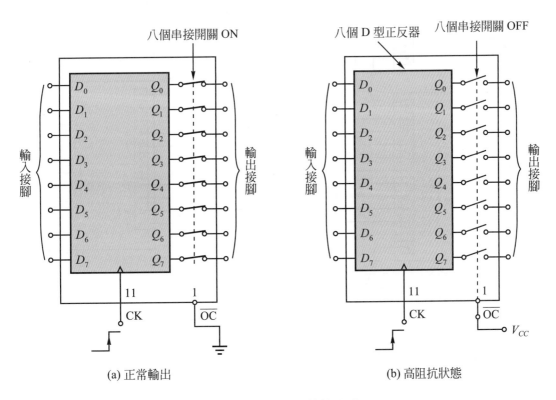

(a) 正常輸出　　　　　　　　　(b) 高阻抗狀態

圖 8-8　高阻抗狀態的說明

8-3 多組計時顯示實驗

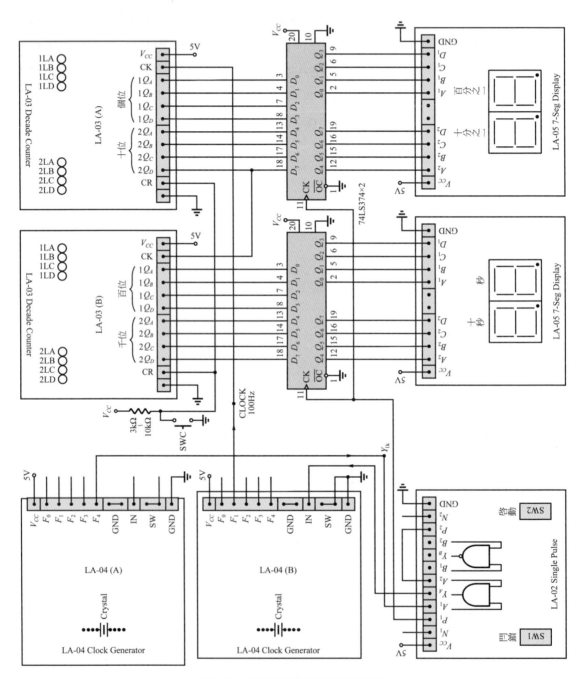

圖 8-9 多組計時顯示之實驗接線

一、實驗接線說明

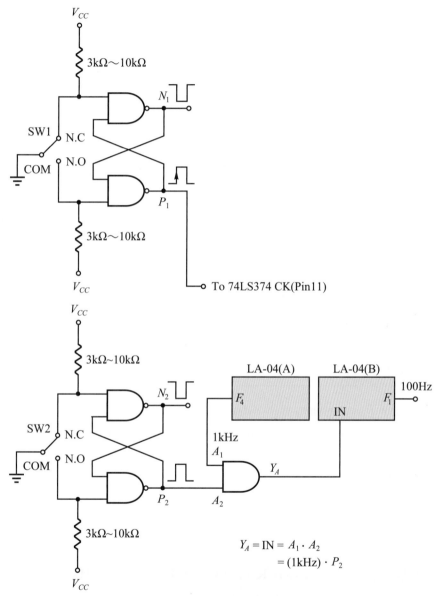

圖 8-10　SW1 和 SW2 控制說明

　　這個實驗接線圖，所用的模板較多，但卻是一個實用的「計時器」LA-04(A)和LA-04(B)用來產生 100Hz，LA-03(A)和LA-03(B)用來當做四位數(個、十、百、千)的脈波計數器。而所加的CLOCK為 100Hz，若計數值為 3658，則代表所計時之時間

為 3658×0.01 秒=36.58秒。兩個LA-05只當數字顯示器使用。其中LA-02的SW2是當啟動開關，LA-02的SW1當資料閂鎖控制開關。圖中SWC當做清除控制開關，按一下SWC，則數值為0。

啟動：

把LA-02的SW2按下去(不要鬆開)，則 $P_1 = A_2 = 1$ ，而 $Y_A = A_1 \cdot A_2 = Y_{1K} \cdot 1 = Y_{1K}$ 。相當於按住SW2時，LA-04(B)才會有1kHz的方波由IN腳輸入，才能產生100Hz的CLOCK加到LA-03(A)的CK，而有以100Hz為CLOCK的脈波計數動作。簡言之：按住LA-02的SW2才可以做計時動作。

閂鎖：

當在做計時的時候，只要碰一下 LA-02 的 SW1，便能由 P_1 產生一個正脈波加到74LS374的CK(Pin11)，將對74LS374下達閂鎖資料的命令。就能把該瞬間的「計時值」，存入其內部的 D 型正反器，又因 $\overline{OC}$(Pin1) = 0，代表不是三態狀態的高阻抗狀態，所以LA-05可以接收到74LS374輸出($Q_0 \sim Q_7$)的資料，並加以顯示出來。

> ＊按住 LA-02 的 SW2………計時動作
> ＊碰一下 LA-02 的 SW1………閂鎖當時的數值

按住SW2時， $P_2 = 1$ ，而 $Y_A = A_1 \cdot A_2 = P_2 \cdot (1kHz) = 1kHz = IN$ ，即按住SW2時，LA-04(B)IN 有 1kHz CLOCK，才能在LA-04(B)的 $F_1 = 100Hz$ 。

二、實驗紀錄與討論

1. 按一下SWC，計數值是多少？個位：_____，十位：_____，
   百位：_____，千位：_____。

2. 把LA-02的SW2按住，是否開始計時？_____。

3. 用示波器(或計頻器)測CLOCK的頻率，頻率 = _____ Hz。

4. 碰一下LA-02的SW1，所閂鎖的數值是多少？_____。

5. 計數器是否繼續計時？_____，所閂鎖的資料是否改變_____。

6. 再碰一下LA-02的SW1，所閂鎖的數值是多少？_____。

7. 鬆開SW2，計時是否停止？_____。

8. 碰一下SWC，接著碰一下LA-02的SW1，數字顯示是否為(0 0 0 0)。

9. 若希望數字為 0 的時候，只顯示(×××*0*)(三個不亮)，應該怎樣修改，LA-05 的電路？

> ＊提示：
>
> LA-05 為七段顯示模板，所用的七段顯示器為共陽極，所用的七段解碼 IC 為 7447。7447 中的(Pin3，Pin4，Pin5)：(Lamp Test，BI/RBO，RBI)的功用若您清楚，您就能完成線路的修改。

10. 若 LA-04(A) 的 SW 接腳，加一個開關 SWD，如圖 8-11 所示，試問，這個 SWD 的功用是什麼？

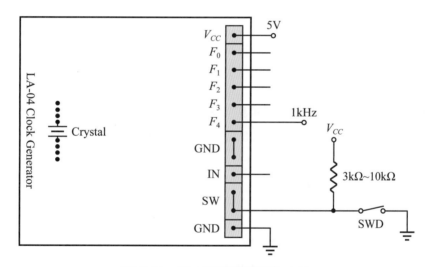

圖 8-11　另一種啓動控制的方法

(1)　SWD ON 的結果如何？

(2)　SWD OFF 的結果如何？

> ＊重新看一下 LA-04 的功能及使用方法，就能清楚怎樣善用這塊模板的好處。

8-4 可設定時間的定時器

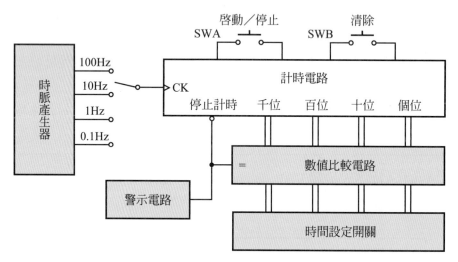

圖 8-12　可設定時間的定時器系統方塊

一、功能流程說明

1. 時脈產生器用以產生標準計時單位，共有四種計時單位：100Hz(0.01秒)，10Hz(0.1秒)，1Hz(1秒)，0.1Hz(10秒)，若以四位數而言，可以做計時的範圍為

   (1) 100Hz(0.01秒)：0～99.99秒

   (2) 10Hz(0.1秒)：0～999.9秒

   (3) 1Hz(1秒)：0～9,999秒

   (4) 0.1Hz(10秒)：0～99,990秒

2. 計時電路：以固定頻率當計數器的CLOCK，就成為計時器，所以圖8-4中所列的各種IC，都可以拿來使用，並設計成實用的計時電路。本單元將介紹74LS160系列的計數IC，並當做本章之一課程小專題。

3. 數值比較電路：比較計時電路輸出值和所設定的數值是否相等，便能完成定時設定的功能。

4. 時間設定開關：時間設定可以使用「鍵盤」、「數字開關」或「指撥開關」，本單元將以指撥開關做為時間的設定。

5. 警示電路可以使用蜂鳴器產生高分貝的聲響或燈光的閃爍。進而學習怎樣完成AC 110V 或 AC 220V 電源系統的控制。

8-4-1　數值比較器應用介紹

在數位IC中，常用的數值比較器有兩大類，㈠四位元數值比較器：7485。㈡八位元數值比較器，74518〜522、74682〜689……。表 8-4 為各種數值比較器 IC。

我們將以 74682 系列做為說明，74682 是一個八位元的數值比較器，它的接腳方塊及系列 IC 表列，如圖 8-13 所示。

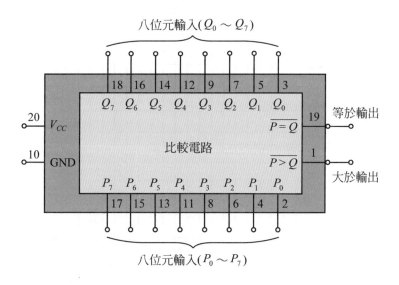

(a) 74682 接腳功能

型名	$\overline{P=Q}$	$\overline{P>Q}$	輸出致能	輸出構造	提升電阻
LS682	有	有	無	圖騰極	有
LS683	有	有	無	開路集極	有
LS684	有	有	無	圖騰極	無
LS685	有	有	無	開路集極	無
LS686	有	有	有	圖騰極	無
LS687	有	有	有	開路集極	無
LS688	有	無	有	圖騰極	無
LS689	有	無	有	開路集極	無

(b) 74682 家族系列

圖 8-13　74682 相關資料(全華 03245-01)

表 8-4　各種數值比較器(全華 03245-01)

Magnitude Comparater

cct_type	#	control logic	out	remarks	pin type	part	LS	ALS	ALS	K	F	AS	AC	ACT	HC	HCU	HCT	3.3V	BC	BCT	Page
MAG_COMP	4	POS			16	85	*										*				66
EQUAL_COMP	8	POS	PU	20kΩ	20	518		*			*				*						221
EQUAL_COMP	8	POS	OC		20	519		*			*				*						222
EQUAL_COMP	8	NEG	PU	20kΩ	20	522		*							*						–
EQUAL_COMP	8	NEG	OC		20	689		*							*						282
EQUAL_COMP	8	NEG	PU	20kΩ	20	520		*					*	*							223
EQUAL_COMP	8	NEG			20	521		*			*		*	*	*	*					224
EQUAL_COMP	8	NEG			20	688	*	*			*		*	*	*	*		*			281
MAG_COMP	8	NEG	PU	20kΩ	20	682	*								*						277
MAG_COMP	8	NEG	PU	NO CASCADE SUPPORTED;20kΩ	20	683	*														278
MAG_COMP	8	NEG		NO CASCADE SUPPOR	20	684	*								*						279
MAG_COMP	8	NEG	OC		20	685															–
MAG_COMP	8	NEG	OC		24	686	*														280
MAG_COMP	8	NEG	OC		24	687															–
MAG_COMP	8	POS			24S	885					*										–
16LEVEL_COMP	1	L	NEG	16 LEVEL TO 48 COMPARARER	24S	677									*						273
12LEVEL_COMP	1	H	NEG	WITH OUTPUT LATCH	24S	678									*						274
16LEVEL_COMP	1	L	NEG	12 LEVEL TO 48 COMPARATER	20	679	*								*						275
12LEVEL_COMP	1	H	NEG	WITH OUTPUT LATCH	20	680	*								*						276

74682 乃比較$(P_7 \sim P_0)$和$(Q_7 \sim Q_0)$兩組八位元的資料，有兩支輸出腳。$\overline{P = Q}$(Pin19) 和$\overline{P > Q}$(Pin1)。

＊當數值$(P_7 P_6 P_5 P_4 P_3 P_2 P_1 P_0) = (Q_7 Q_6 Q_5 Q_4 Q_3 Q_2 Q_1 Q_0)$時，$\overline{P = Q}$(Pin19) $= 0$。

＊當數值$(P_7 P_6 P_5 P_4 P_3 P_2 P_1 P_0) > (Q_7 Q_6 Q_5 Q_4 Q_3 Q_2 Q_1 Q_0)$時，$\overline{P > Q}$(Pin1) $= 0$。

所以 74682 系列可以拿來當做一位元到八位元數值比較，從表列 74682 家族系列 可以看到，有圖騰式也有集極開路的 IC 可供您使用，也有附輸出致能的控制功能。

■ 8-4-2　可設定時間定時器實驗

一、實驗線路說明

1. 時脈產生與控制

LA-04(A)和LA-04(B)組成時脈產生電路。其中SWA當做啟動計時和停止 計時的控制開關。SWA ON 的時候，LA-04(A)的SW = 0，則 LA-04 的F_4將沒 有 1kHz 的輸出。(請回頭參閱LA-04 的功能和線路分析)。SWA OFF時，會有 1kHz 輸出到 LA-04(B)的 IN ，LA-04(B)將做四次連續除 10 的動作，使得 LA-04(B)的$F_1 \sim F_4$可以分別得到(100Hz、10Hz、1Hz和0.1Hz)，其所對應的 週期將分別為(0.01 秒、0.1 秒、1 秒和 10 秒)，共有四種計時單位可供選擇。

2. 脈波計數器

LA-03(A)和 LA-03(B)為兩個十進制的計數器，其計數值由(1LD、1LC、 1LB、1LA)和(2LD、2LC、2LB、2LA)八個LED顯示，其值為(0000)～(1001)， 代表 0～9 的數值，把LA-03(A)的$2Q_D$接到LA-03(B)的 CK，便使得LA-03(A) 和LA-03(B)組成四位數的計數器。所能計數的範圍為 0～9, 999，而 LA-03(A) 和 LA-03(B)的清除控制 CR 都被接到 LA-02 的N_1。當 LA-02 的 SW1 被按下去 時，$N_1 = 0$會把 LA-03(A)和 LA-03(B)的數值全部清除為 0。

3. 數值比較器

我們使用 74682 當數值比較器$(Q_7 \sim Q_0)$接計時電路 LA-03(A)和 LA-03(B) 的輸出，$(P_7 \sim P_0)$接指撥開關 DIP SW 做待比較數值的設定。$(P_7 \sim P_0)$每一支資

料輸入腳都接一個 R(約 3k～10kΩ)，常用 9Pin 的排阻。實驗時，您可以暫時不接電阻 R，因 TTL 輸入空接時，視同邏輯 1，但正式產品一定要接電阻 R(共 8 個電阻)，以免輸入接腳空接而造成雜訊的干擾。

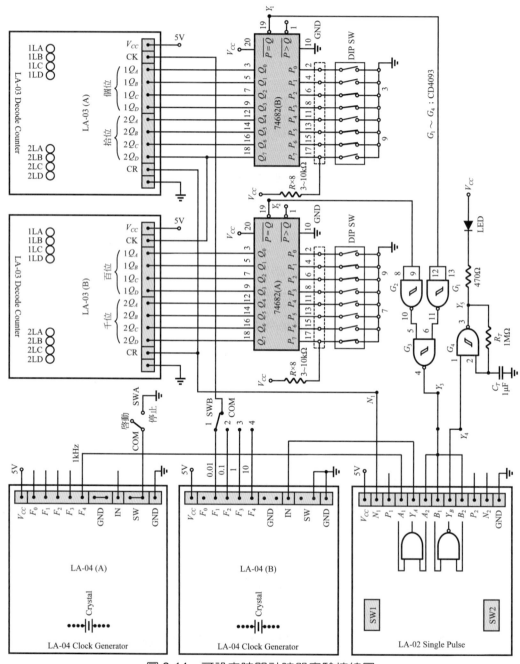

圖 8-14　可設定時間計時器實驗接線圖

4. 數值設定開關

　　使用兩個 8P 的指撥開關，做爲預設「計時時間」設定。因有接 $R \times 8$ 共八個電阻於 $(P_7 \sim P_0)$ 輸入接腳上，所以 DIP SW OFF 時爲邏輯 1，DIP SW ON 時爲邏輯 0，且前所設定的數值爲 7993，74682(A) 的 $(P_7 P_6 P_5 P_4)$ 爲千位，$(P_7 P_6 P_5 P_4)$ = (0111) = 7，$(P_3 P_2 P_1 P_0)$ 爲百位，$(P_3 P_2 P_1 P_0)$ = (1001) = 9，而 74682(B) 的 $(P_7 P_6 P_5 P_4)$ 爲十位，$(P_3 P_2 P_1 P_0)$ 爲個位，其值分別爲 (1001) = 9 和 (0011) = 3，所以預先設定的數值爲 7, 993。

5. 定時控制說明

　　若 SWA 設定在啓動，SWB 選擇在 0.01 秒，按一下 LA-02 的 SW1，對所有 LA-03 做清除，計數值將由 0 開始往上計數，到了計數值爲 7, 993 的時候，表示經過了 $7,993 \times 0.01$ 秒 = 79.93 秒，74682 的 $(Q_7 \sim Q_0) = (P_7 \sim P_0)$，則其比較器輸出 $\overline{P = Q}$(Pin19) = 0。74682(A) 和 74682(B) 的比較器輸出 $\overline{P = Q}$(Pin19) 都爲 0，即 $Y_1 = 0$、$Y_2 = 0$。

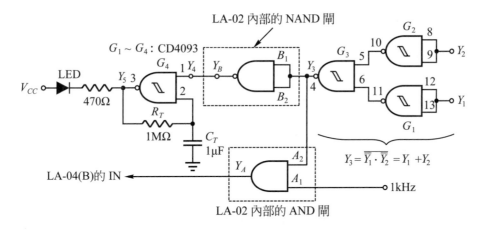

圖 8-15　定時控制相關電路

　　當 74682(A) 和 74682(B) 所比較的數值都相等時，$\overline{P = Q}$(Pin19) = 0，$Y_3 = \overline{\overline{Y_1} \cdot \overline{Y_2}} = Y_1 + Y_2 = 0 + 0 = 0$，所以 G_1、G_2、G_3 是組成 OR 閘的功能。我們使用 LA-02 內部的 NAND 閘，而得到 $Y_4 = Y_B = \overline{B_1 \cdot B_2} = \overline{Y_3} = 1$。在 $Y_4 = 1$ 時，G_4 形成一個方波產生電路，Y_5 爲方波時，LED 就會閃爍，而其時間由 R_T 和 G_T 決定之。

在此同時，因$Y_3 = 0$，則$Y_4 = A_2 \cdot A_1 = 0 \cdot (1\text{kHz}) = 0$，將使LA-04(B)的IN沒有1kHz的脈波，則LA-04(B)的$F_1 \sim F_4$就沒有輸出，則計數器LA-03(A)將沒有CLOCK，而使計數值不再變化，停在您所設定的預設值。

二、實驗紀錄

1. SWA設定在停上(SWA ON，接地)，測得LA-04(A)的F_4，$F_4 = $ _____ 。

2. SWA設定在啟動(SWA OFF，空接)，測LA-04(A)的F_4，$F_4 = $ _____ 。

3. 用示波器(或計頻器)測量LA-04(B)的F_1、F_2、F_3、F_4，其頻率各是多少？

   $F_1 = $ _____ ，$F_2 = $ _____ ，$F_3 = $ _____ ，$F_4 = $ _____ 。

   ＊當無法測到正確值時，就照實紀錄。

4. 把SWB選在1的位置，則計時單位為0.01秒，並且按一下LA-02的SW1把計數值全部清除為0。

5. 把SWA從停止切到啟動，計數值有沒有在改變？ _____ ，百位數的變化時間是否為1秒？ _____ ，千位數變化時間是否為10秒？ _____ 。

6. 當計時到79.93秒的時候，計數器是否停下來？ _____ 。

7. $Y_3 = $ _____ ，$Y_4 = $ _____ ，LED是否閃爍 _____ 。

8. 請把DIP SW重新設定為2008，然後啟動時，要記得把LA-02的SW1按一下，把計數器清除為0。

9. 計數值最後是否停在2008。

三、討論與思考

1. 如果1kHz接到LA-04(B)的IN，Y_4改接到LA-04(A)的SW，有何效果？

2. 若把74682改用74683應如何修改電路？

   ＊提示：74682是圖騰式輸出，74683是集極開路輸出。

3. G_4與R_T及C_T就是一個振盪電路，請您分析它產生方波的原理。

   ＊提示：$G_1 \sim G_4$是一個史密特觸發輸入的邏輯閘。

4. 怎樣把圖 8-14 改成「超速」，警報電路？

＊提示：(1)固定時間內旋轉的圈數，即代表旋轉的速度。

(2)用第七章的旋轉偵測器(光電式或磁性式)就可以偵知旋轉速度。

(3)即計算固定時間內的脈波數。

(4)例如：1 分鐘內馬達所轉的圈數稱為 rpm。

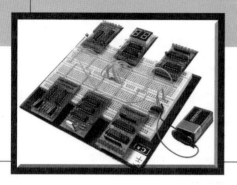

Chapter 9

計頻器與轉速計變成
超速警報器

1 分鐘內馬達所轉的圈數為rpm，1 秒鐘內共有多少個脈波，即頻率(Hz為單位)，都是在做脈波計數的動作，所以我們可以把圖 8-14 可設定時間定時器的線路，略做修改，就可以變成轉速計或計頻器，並可做成超速警報器。

9-1　轉速計與計頻器原理說明

我們只要把圖 8-9 略做修改，保留脈波計數器 LA-03(A)和 LA-03(B)及資料閂鎖器(兩顆 74LS374)及數值顯示器(兩片 LA-05 模板)，圖 8-9 原本輸入 100Hz 的 CLOCK，換成接待測脈波，最後只要設計「固定時間產生電路」，產生三個控制信號，便能完成轉速計或計頻器的電路設計。

1. **計數致能(EN)控制信號的功能**

在t_1時啟動脈波計數動作，一直到t_2時停止計數動作，則$t_2 - t_1 = T_A$，若$T_A = 1$秒鐘，而所計算到的數值為 2,568，即表示該待測脈波的頻率為 2,568Hz，若$T_A = 0.1$秒，那麼所測的頻率為$(2,568 \div 0.1) = 25,680$Hz。

2. **資料閂鎖(LE)控制信號的功用**

在t_2時，計數致能EN由1變成0(後緣觸發信號)的時候，產生一個極窄的正脈波，這個正脈波可以當作資料閂鎖器的閂鎖動作觸發信號，便能把計數器停止時的計數值(最後的數值)閂鎖住，則數值顯示器所顯示的數字，都為每一次計數器所得到最後的數值(即在T_A內所計數得到的最大值)。

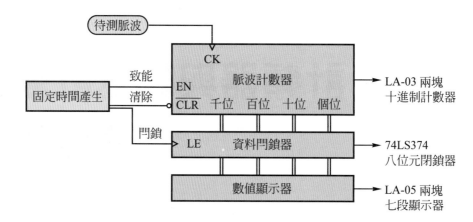

圖 9-1　轉速計與計頻器共同系統方塊圖

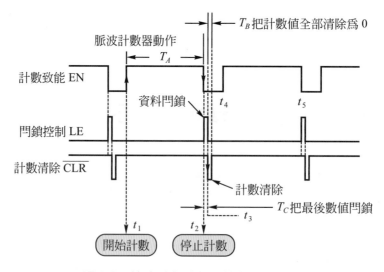

圖 9-2　轉速計與計頻器控制波形分析

3. **計數清除($\overline{\text{CLR}}$)控制信號的功能**

　　在t_2到t_3之間，已確定把計數器所得的數值閂鎖住，即資料閂鎖器的資料從t_3～t_5之間都不會改變，而在t_3的時候，計數清除($\overline{\text{CLR}}$)控制信號，把計數器上原先的數值全部清除為 0。到t_4的時候，計數器便能由 0 開始計數，即$\overline{\text{CLR}}$的目的為：讓每一次啟動計數器動作的時候，都能正確地由 0 開始。到了t_5又停止計數，再把t_4～t_5所計數的數值重新閂鎖住。若每次所閂鎖的數值都很接近(或完全相等)，則代表待測脈波的頻率(或轉速)極為穩定。

9-2　如何完成固定時間產生電路的設計

一、線路分析說明

　　圖 9-3 我們直接使用 LA-04 所產生的方波來當做計數致能控制信號。並且提供兩種產生(閂鎖控制 LE 和計數清除$\overline{\text{CLR}}$)的方法。

(1)　單擊(one shot)觸發定時 IC(74LS123)產生 LE 和$\overline{\text{CLR}}$

(2)　由邏輯閘組合成 LE 和$\overline{\text{CLR}}$的控制信號

1. 使用 74LS123 產生控制信號之說明

　　74LS123 是一顆可以做前緣觸發和後緣觸發的單擊定時器，每接收到一次觸發【(1A，2A)：後緣觸發，(1B，2B)：前緣觸發】都會產生一個脈波【(1Q，2Q)：正脈波，($\overline{1Q}$，$\overline{2Q}$)：負脈波】，且所產生的脈波寬度由(R_1，C_1)和(R_2，C_2)所決定。茲以波形分析說明 74LS123 的動作原理如下：

　　由 SWB 選擇Y_0，共有 1kHz、100Hz、10Hz 和 1Hz 的方波，而方波為任務週期(duty cycle)＝50％，即邏輯 1 和邏輯 0 的時間各佔一半，則為 0.0005 秒、0.005 秒、0.05 秒和 0.5 秒。若想得到 0.001 秒、0.01 秒、0.1 秒和 1 秒的邏輯 1 寬度，您會用什麼方法？

> ＊提示：固定週期的信號，只要除 2 都會得到方波輸出。

　　所以圖 9-3 中有一個除 2 的電路，其目的就是為了得到正、負半週都是 0.001 秒、0.01 秒、0.1 秒和 1 秒的致能控制信號。

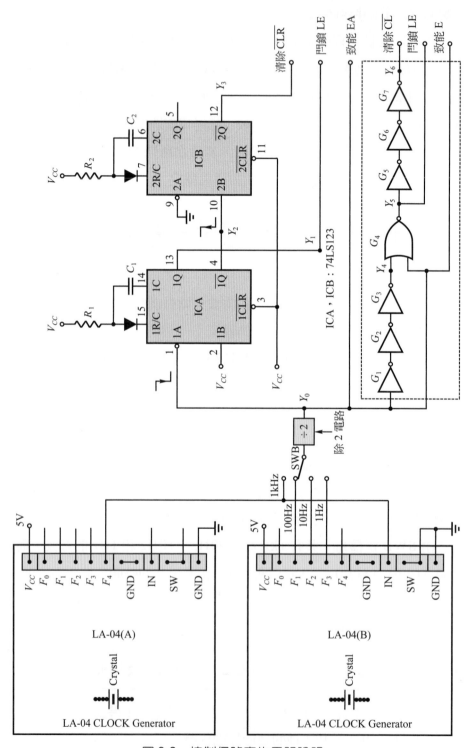

圖 9-3　控制信號產生電路說明

2. 使用邏輯閘延遲特性產生控制信號之說明

　　圖 9-5 主要是提醒學生，可以用邏輯閘的「前進延遲時間」，做為延遲線 (Delay Line)來使用。若想得到更長的時間延遲則可以在各反相器之間加上 RC 充放電方法，如圖 9-6 所示。

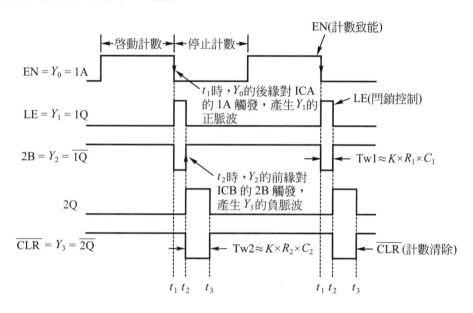

圖 9-4　74LS123 單擊定時 IC 動作之波形分析

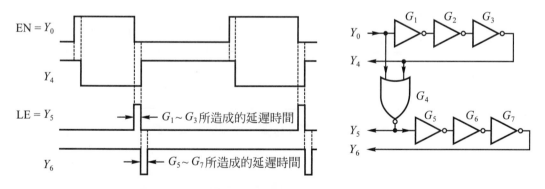

圖 9-5　由邏輯閘所組成的控制信號波型分析

二、延遲線的觀念

1. Y_o 加 100Hz 的方波(100Hz～1kHz 的方法)。

2. $(R_a \cdot R_b \cdot R_c)$使用 470Ω～2kΩ的電阻，$(C_a \cdot C_b \cdot C_c)$使用 0.001μF～0.01μF 的電容。

3. 測Y_o、Y_a、Y_b、Y_c、Y_d的波形。

4. 觀察Y_c和Y_d的波形，是否有延遲現象發生。

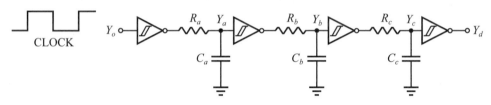

圖 9-6　加長時間延遲的方法

■ 9-2-1　74LS123 的變化應用

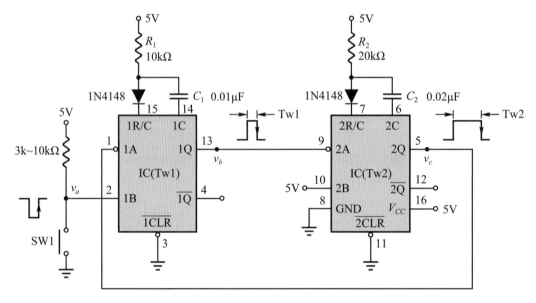

圖 9-7　74LS123 可調任務週期振盪電路

一、線路動作分析

1. 按一下SW1，則產生一個(由 1 變 0 再回到 1)負脈波(v_a)，在v_a由 0 變到 1 的那一瞬間，對 IC(Tw1)的 1B，將接收到一次前緣觸發。

2. 1B 被觸發以後，1Q 將產生一個寬度為 Tw1 的正脈波(v_b)，且 Tw1 的寬度由R_1和C_1決定之，Tw1 $\approx K \times R_1 \times C_1$。

3. 在v_b由 1 變到 0 的那一瞬間(v_b的後緣)，將對 IC(Tw2)的 2A 做乙次有效的觸發。

4.　IC(Tw2)的 2A 被觸發以後，2Q 將產生一個寬度為 Tw2 的正脈波(v_c)，Tw2 的寬度由R_2和C_2所決定。$\text{Tw2} \approx K \times R_2 \times C_2$。

5.　v_c由 1 變到 0 的那一瞬間(v_c的後緣)，拉回到 IC(Tw1)的 1A，將對 IC(Tw1)1A 做乙次有效的觸發，接著又……(請看波形分析)

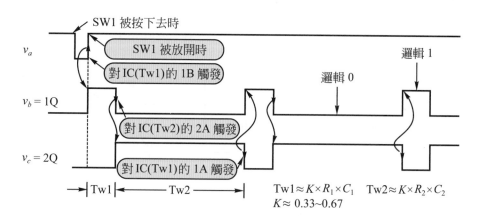

圖 9-8　可調任務週期振盪電路之波形分析

二、多段定時應用

從圖 9-8 得知，SW1 是當做「啟動開關」，只要按一下 SW1，就可以產生v_b和v_c的振盪信號。這個線路的優點是：

邏輯 1 所佔的時間：由R_1和C_1做調整。

邏輯 0 所佔的時間：由R_2和C_2做調整。

相當於我們完成了一個邏輯 1 和邏輯 0 的寬度(時間)可以個別設定的振盪電路。

1.　請用示波器測量v_b和v_c，看看 Tw2 是否為：$\text{Tw2} \approx 4\text{Tw1}$

2.　怎樣用圖 9-7 取代圖 9-3 中的【LA-03(A)，LA-03(B)和除 2 電路】？

　　提示：

(1)　用 2Q(v_c)當做圖 9-3 的Y_o。

(2)　用不同的電阻與電容，產生不同的脈波寬度，並且使 Tw2 有 0.001 秒、0.01 秒、0.1 秒和 1 秒的選擇。

(3)　線路圖如圖 9-9 所示。

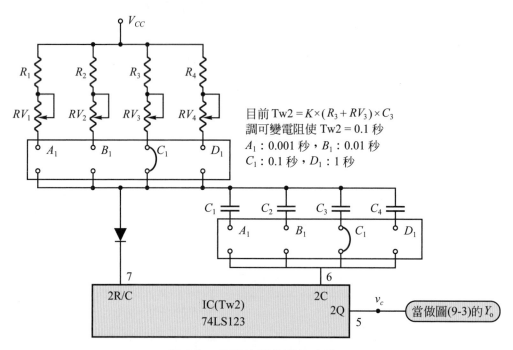

圖 9-9　不同時間的選擇方法

9-2-2　小便自動沖水

一、線路分析

1.　人體近接感應

　　這個電路使用紅外線發光二極體和紅外線接收之光電晶體，當做反射式的近接偵測。

(1)　當沒有人站在小便斗的前面時，光的反射量不足，光電晶體只接收到背景環境中少量的紅外線，使得光電晶體幾乎不導通。(詳細使用方法，請參閱全華圖書 0295901；感測器應用與線路分析(修訂版))。則 $v_1 \approx V_{cc}$。

(2)　當有人站在小便斗的前面時，光的反射量變大，使得光電晶體導通，則 $v_1 \approx 0.2$ ～0.8V(電晶體飽和時的 V_{CE})

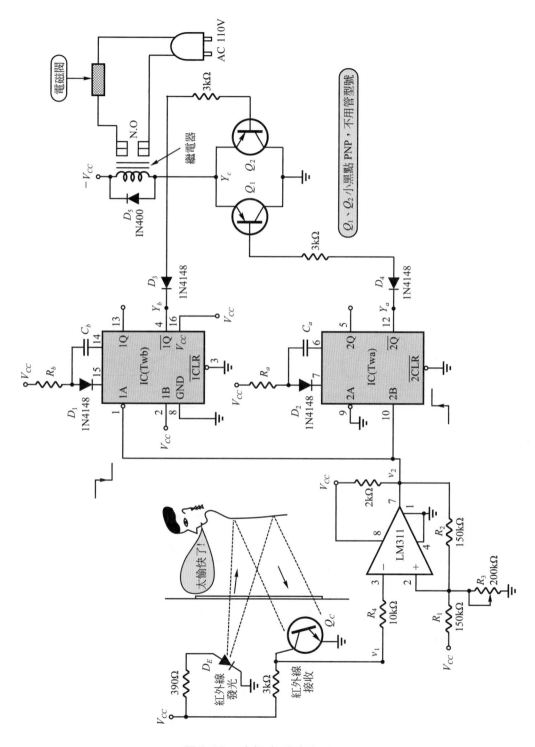

圖 9-10 小便自動沖水電路

2. 近接判斷

此線路中的LM311是拿來當近接判斷使用。並且達到可以偵測人靠近和人離開的功能，您可以看到有R_2從輸出拉回到輸入「＋端」，則代表這個電壓比較器有正回授，所以是具有「磁滯比較」作用的電路，(請參閱0295901第三章，或本書第五章)。目前LM311所組成磁滯比較器的高臨界電壓V_{TH}及低臨界電壓V_{TL}，分別為

$$V_{TH} \approx \frac{R_3}{(R_1//R_2) + R_3} \times V_{CC} \text{，若} R_1 = R_2 = R_3 \text{，} V_{TH} \approx \frac{2}{3}V_{CC}$$

$$V_{TL} \approx \frac{R_2//R_3}{(R_2//R_3) + R_1} \times V_{CC} \text{，若} R_1 = R_2 = R_3 \text{，} V_{TL} \approx \frac{1}{3}V_{CC}$$

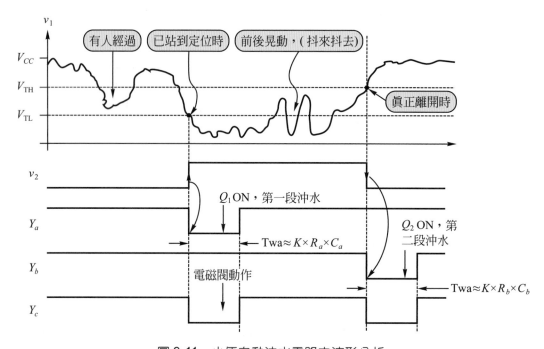

圖 9-11　小便自動沖水電路之波形分析

3. 沖水時間設定

因為有了LM311做成的磁滯比較器，使得有人站定位後，一直到尿尿完成離開，v_2只會產生一次正脈波，v_2的前緣觸發 IC(Twa)的 2B，則$2\overline{Q}$將得到寬度為$\text{Twa} \approx K \times R_a \times C_a$的邏輯 0。$2\overline{Q} = Y_a = 0$，將使$Q_1$ ON，繼電器 ON，電磁閥動作，進行第一段的沖水。

尿尿期間，縱使前後晃動抖來抖去，v_2也不會變化，除了是人已離開，才使v_2由 1 變成 0(後緣)，v_2的後緣代表人已離開，同時對 IC(Twb)的 1A 做後緣觸發，使得$1\overline{Q} = Y_b = 0$，在$Y_b = 0$時，將使得Q_2 ON，繼電路ON，電磁閥再度啟動，進行第二段沖水。

二、問題思考與產品改良

1. LM311 的 Pin7 和 Pin1 各是什麼功用的接腳？
2. 線路中的R_3可變電阻的主要功用是什麼？
3. 用圖 5-9 的電路取代目前 LM311 的電路有何好處？
4. LM311 中接了一個 2kΩ的電阻在 Pin7 到V_{CC}，目的何在？
5. 當把光電晶體 C 腳(集極)3kΩ的電阻變大或變小，會產生怎樣的結果。

    提示：

    　　把光電晶體，看成是不必外加I_B的 NPN 電晶體；

    　　電晶體集極電阻R_C(目前用 3kΩ)，會影響什麼？

6. 若把Q_1、Q_2換成邏輯閘，應該是用 AND、NAND、NOR 或 OR 閘？
7. 若把Q_1、Q_2換成是 NPN 電晶體，線路應如何修改？
8. D_1和D_2的功用是什麼？(參閱 74LS123 資料手冊)
9. D_3和D_4的主要功用何在？(提示：$1\overline{Q}$、$2\overline{Q}$邏輯 0 電壓太高時)
10. D_5的主要功用是什麼？(提示：線圈會產生反應電動勢)

9-3　計頻器實驗

一、實驗線路說明：圖 9-12

1. 時脈產生電路

    　　由 LA-04(A)、LA-04(B)和 LA-06(當除 2 電路使用)組成時脈產生電路，LA-04(A)的F_4提供 1kHz 加到 LA-04(B)的 IN 輸入。圖 LA-04(B)的 SW 被接地，則LA-04(B)將把 1kHz 連續除 10，使得LA-04(B)的$F_1 = 100$Hz、$F_2 = 10$Hz、$F_3 = 1$Hz，經由 SWB 選擇 1kHz(1ms)、100Hz(0.01 sec)、10Hz(0.1sec)及 1Hz(1sec)，加到 LA-06 的 CK(時脈輸入腳)，因 LA-06 是連續除 2 的二進制計數模板，所以 LA-06 的Q_0乃把Y_1的頻率除 2，所以

$$Y_2 \text{ 的頻率} = \frac{1}{2} Y_1 \text{ 的頻率}$$

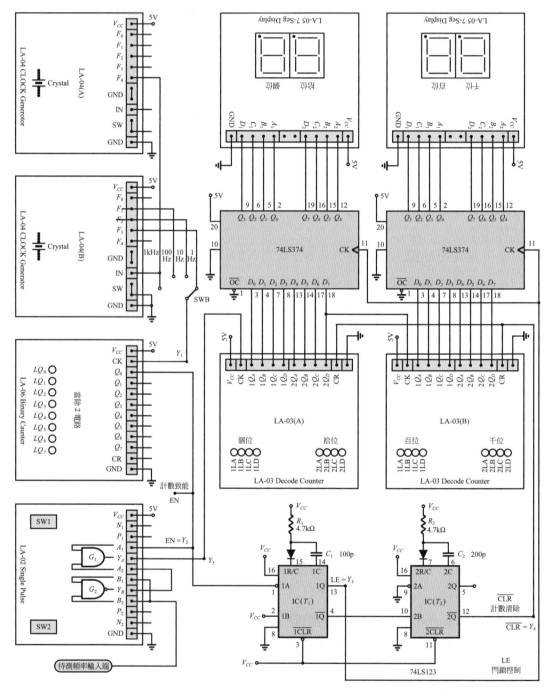

圖 9-12　計頻器的實驗接線

　　從圖 9-13 的 Y_2 看到邏輯 1 的時間為 T_C，表示計數器做計數動作的時間為 T_C，若 $T_C = 1\text{sec}$，而計數值為 3658，則表示所測的頻率為 3,658Hz，若 $T_C = 0.1\text{sec}$，所計數的值為 3658，此時的頻率為 $3658 \div 0.1 = 36,580\text{Hz}$。

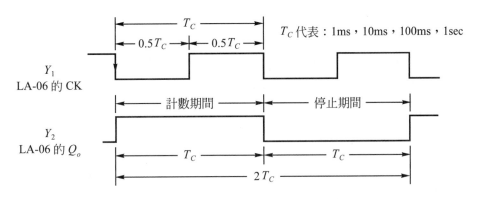

圖 9-13　LA-06 當做除 2 電路的說明

二、控制信號連線流程說明

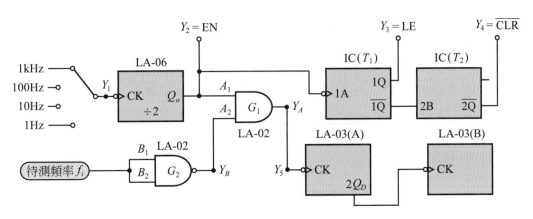

圖 9-14　控制信號連線流程圖

三、實驗紀錄與討論

1. SWB 選擇 10Hz，測 Y_1 和 Y_2 的頻率，$Y_1 = $ _____，$Y_2 = $ _____。

2. 用信號產生器，提供 TTL 方波(SYNC 或 TTL)，當待測頻率 f_i

   (1) 用計頻器或示波器測 f_i，$f_i = $ _____。

   (2) 您的計頻器顯示的數值是多少？ _____。

   (3) 此時您測到的 f_i，其頻率值是否為(顯示的數值)× 10。

3. 為什麼此時必須把(顯示的數值)× 10才是頻率值？

4. 用雙軌示波器測Y_2和Y_3，再測Y_3和Y_4，並繪其波形圖。

5. 拿兩個$0.01\mu F \sim 0.1\mu F$的電容並聯到C_1及C_2，再測Y_2和Y_3及Y_3和Y_4，此時脈波的寬度是否變寬了？_____。

6. SWB 選 10Hz 時，可以測量的最高頻率是多少？_____。

7. 改變 SWB 選擇到 1kHz 時，您可以測量的最高頻率是多少？_____。

8. 在Y_1 = 1kHz，若輸入頻率小於 1kHz，會得到什麼結果？

9. 試著把這個電路改成可以「自動換檔」，9.999kHz 以下的頻率用 1Hz，10k～99.99kHz 用 10Hz……。

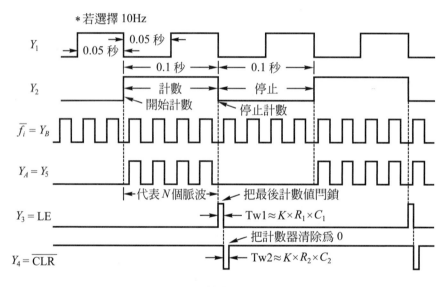

圖 9-15　計頻器控制信號波形分析圖

> ＊思考怎樣使產品功能更好，性能更穩定，是一位優秀設計工程師應該有的動機—試試看，您會做到的。

10. 怎樣把這個電路改成馬達轉速計？

提示：

(1) 旋轉偵測的方法，回頭看第七章

(2) 什麼是馬達的轉速？(1 分鐘一共轉了多少圈：rpm)

(3)　測一分鐘才知道轉速是正確的，但效率太差了。

(4)　測 6 秒鐘如何？

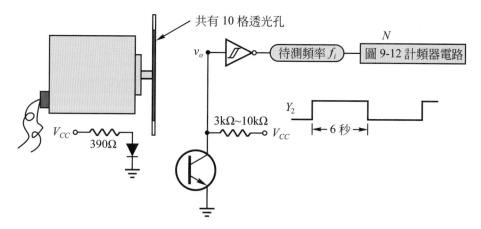

共有 10 格透光孔

圖 9-16　馬達轉速計的做法提示

①　產生一個週期為 12 秒(邏輯 1 和邏輯 0 各 6 秒)的波形

> ＊最好是邏輯 1 為 6 秒，邏輯 0 為 0.01 秒……why？

②　馬達轉一圈光電晶體的v_o產生 10 個脈波，若所得的脈波計數值為N，則馬達轉速 rpm 為

$$\text{rpm} = \left[\underbrace{\frac{N}{10} \div 6\text{秒}}_{6\text{秒鐘所轉的圈數}} \right] \times 60 \text{秒} = N$$

每秒所轉的圈數

每一分鐘所轉的圈數

③　則計頻器所顯示的數值就代表馬達轉速 rpm。

> ＊能測到轉速了，那麼超速警報器就由您來設計。
> ＊提示：在第八章有八位元數值比較器 74LS682……

9-4　漣波計數器的串接與使用

第七章，第八章還有第九章都使用到計數器，所以本節將把常用的計數器 IC 的串接使用方法加以整理，其目的在讓學生學到：有了設計理念，畫出方塊圖，剩下的工作只不過是填填看，有那麼多的 IC 可以完成相同功能的系統，就不要老是抄別人的線路，用同一型號的 IC，而是知道這個線路或這個系統的功能，用自己手頭上有的 IC 去取代，並完成更好的改良。

9-4-1　正反器做計數電路

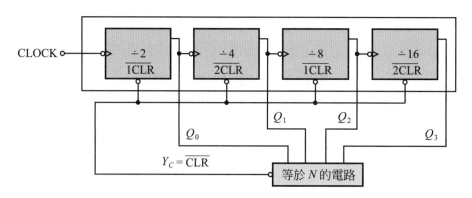

圖 9-17　74LS73 J-K 正反器組成除 16 電路

圖 9-17 是使用 74LS73 J-K 正反器組成除 16 電路(或稱之為二進制計數器)，除頻電路也是計數電路，但怎樣分別呢？

1. 單獨輸出時，看成是除頻電路，若 CLOCK 的頻率是 f_c，那麼 $Q_0 \sim Q_3$ 的頻率將為：

$$Q_0 = \frac{1}{2}f_c \ , \ Q_1 = \frac{1}{4}f_c \ , \ Q_2 = \frac{1}{8}f_c \ , \ Q_3 = \frac{1}{16}f_c \ 。$$

2. 同時並列輸出時，則看成是計數電路，將可以得到 $(Q_3 Q_2 Q_1 Q_0)$ 的是值由 $(0000)\sim$ (1111) 共 16 種數值。

如圖 9-18 所示，當不做清除的時候，$1\overline{\text{CLR}} = 2\overline{\text{CLR}} = 1$。當 SWA「碰」一下，將得到一瞬間的邏輯 0(即產生一個負脈波)，迫使 $(Q_3 Q_2 Q_1 Q_0) = (0000)$，目前 $(1\text{J}，1\text{k})$ $=(2\text{J}，1\text{k})=(1，1)$，代表每一個正反器都是除 2 的作用，共串接了四個，所以是除 16，圖 9-19 D 型正反器，只是前緣觸發的動作，其它都相同。SWB ON 時，$(Q_3 Q_2 Q_1$ $Q_0)=(1111)$，而 SWC ON 時，$(Q_3 Q_2 Q_1 Q_0)=(0000)$。

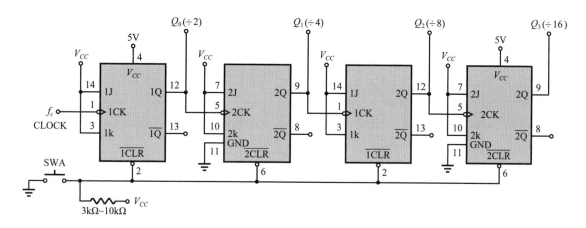

圖 9-18　J-K 正反器組成計數器(74LS73 × 2)

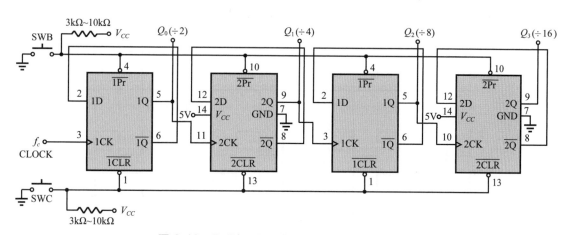

圖 9-19　D-型正反器組成計數器(74LS74× 2)

　　圖 9-20 為圖 9-21 CLOCK 和(Q_3，Q_2，Q_1，Q_0)各點的波形，CLOCK 的後緣觸發(÷ 2)電路得到Q_0，Q_0的後緣觸發(÷ 4)電路得到Q_1，Q_1的……。所以是第一級(÷ 2)完成後，再進行第二級(÷ 4)……，這種方法就好像丟一塊石頭到水面上所產生的漣漪，一圈接一圈往外推出去，所以這種方法所完成的計數器叫做「漣波計數器」，(Ripple Counter)。

　　圖 9-21 為說明漣波計數器所完成任意數除頻電路的方法，其中有一個「等於N的電路」，是用來產生欲設定的數值。圖 9-21 以除 12 為範例，當計數值($Q_3Q_2Q_1Q_0$) = $(1100)_2$ = 12的時候，Y_c = $\overline{CLR}$將得到

$$Y_C = \overline{\overline{Q_0} \cdot \overline{Q_1} \cdot Q_2 \cdot Q_3} = \overline{\overline{1} \cdot \overline{1} \cdot 1 \cdot 1 \cdot 1} = 0$$

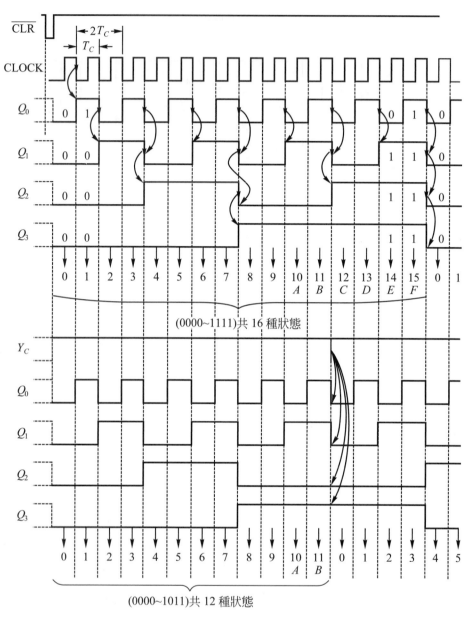

圖 9-20　除 16 和除 12 的波形分析

　　也就是說計數值為 12 的那一瞬間，會使得 $Y_C = 0$，而 Y_C 被接到每一級的清除腳，將把所有輸出又立即清除為 0，所以真正可以得到完整計數值只有 $(0000)_2 \sim (1011)_2 = (0 \sim 11)_{10}$，共 12 種狀態，我們把圖 9-21 叫做「除 12」的除頻器。

圖 9-20 下半部說明當計數值出現 12 的那一瞬間，$Y_C = 0$，立即把所有數值清除為 0，則清除以後 $Y_C = 1$，所以 Y_C 是一個極窄的負脈波，使得您所看到的數值只有 $(0\sim11)_{10}$，並沒有 12 的數值。

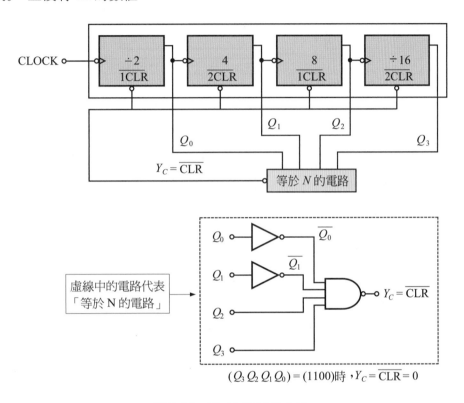

$(Q_3 Q_2 Q_1 Q_0) = (1100)$時，$Y_C = \overline{\text{CLR}} = 0$

圖 9-21　除 12 電接線方法

9-4-2　漣波計數器 IC 的串接

典型的漣波計數器以 74LS90 為代表，有 74LS90($\div$ 10)、74LS92($\div$ 12)和 74LS93 ($\div$ 16)，這些計數器也被稱為「非同步計數器」。常被使用的漣波計數器為 74LS390 和 74LS393。因為 74LS390 一顆 IC 內共有兩個 74LS90 的配置，74LS393 一顆 IC 中有兩個 74LS93 的配置。

1.　74LS90(一個十進制計數器)

$R_{0(1)} \cdot R_{0(2)} = \sqcap$(有一瞬間的邏輯 1)$\rightarrow(Q_D Q_C Q_B Q_A) = (0000)\rightarrow$清除 0。

$R_{9(1)} \cdot R_{9(2)} = \sqcap$(有一瞬間的邏輯 1)$\rightarrow(Q_D Q_C Q_B Q_A) = (1001)\rightarrow$設定 9。

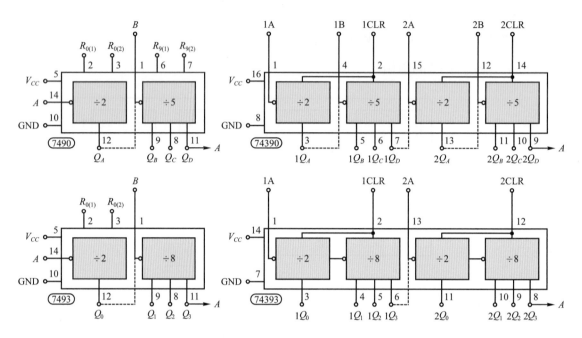

圖 9-22　90 系列和 93 系列之內部配置分析及串接(虛線)

> ＊所以在$(R_{0(1)}，R_{0(2)})$和$(R_{9(1)}，R_{9(2)})$都接地的時候，可以正常計數。

2. **74LS390**(兩個十進制計數器)

　　1CLR(2CLR)＝⊓(有一瞬間的邏輯 1)，所有值都變為 0→清除 0。

> ＊正常計數動作時，必須使 1CLR(2CLR)＝0，接地正常計數。

3. **74LS93**(一個二進制計數器)

　　$R_{0(1)} \cdot R_{0(2)}$ ＝⊓(有一瞬間的邏輯 1)→清除 0。

> ＊正常計數動作使必須使$R_{0(1)} \cdot R_{0(2)}$＝0，至少有一支腳接地。

4. **74LS393**(兩個二進制計數器)

> ＊和 74LS390 的控制完全相同。

所以我們的模板中，LA-03 和 LA-04 都用 74LS390，LA-06 使用 74LS393，便能以較少顆的 IC 做出較大的線路。

■ 9-4-3 實習考試

第一題 做一個兩位數(十進制)的計數器，顯示為 0～83，並且每 0.1 秒改變所顯示的數值。

條件
(1) 只能使用那六塊數位實驗模板(LA-01～LA-06)，不能另外增加其它 IC
(2) 可以做手動清除為 0 的功能。
(3) 可以手動控制它停止計數的功能。

提示
(1) 相當於是除 84 的電路，數值為 84 做清除。
(2) CLOCK 必須使用 10Hz，才能得到 0.1 秒的變化。
(3) 84 = 十位(1000)，個位(0100)，必須做一個等於 84 的電路。

第二題 做一個 12 生肖的跑馬燈。

條件
(1) 給您兩個 74LS138 和 12 個 LED，及一個 390Ω 的電阻。
(2) 其它的只能使用 LA-01～LA-06 數位實驗模板。

提示
(1) 先做一個除 12 的電路。
(2) 為了看到跑馬燈一個一個跳，不能用太快的 CLOCK，否則會看到一直亮著，沒有「跑馬移動」的感覺。(10Hz 或 1Hz)
(3) 先找到 74LS138 的資料，看懂它的真值表，或在本書中去找，可以找到您要的答案哦！

＊請以圖 9-23 的配置完成第一題的設計。
＊請以圖 9-24 的配置完成第二題的設計。

---

1. 請先完成紙上實習，把其接線圖先繪製出來。
2. 然後實作完成之。
3. SW1 當手動清除。(碰一下就做清除動作)
4. SW2 當手動停止計數。(按下去停止計數動作)

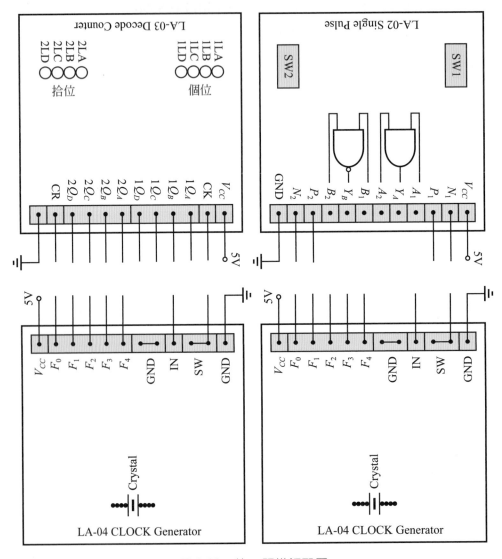

圖 9-23　第一題模板配置

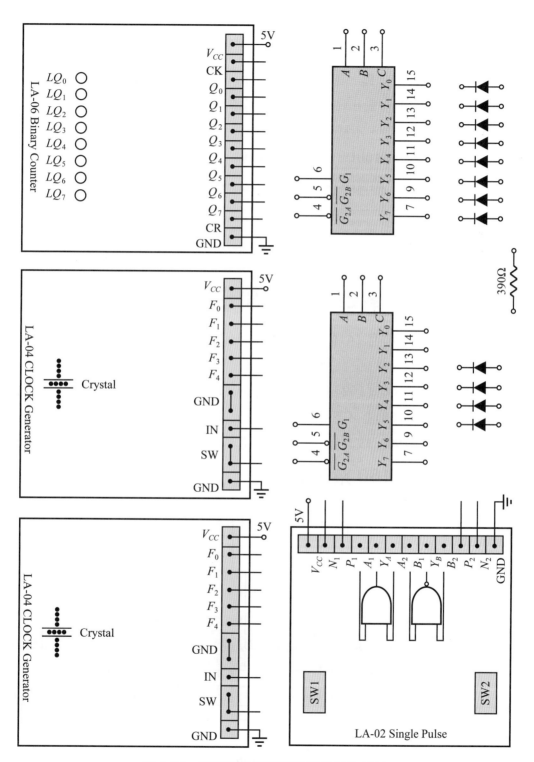

圖 9-24　第二題模板配置及所提供的材料

1. 請先完成紙上實習,把其接線圖繪製出來。

2. 然後實作完成之。

3. SW1 當手動清除。(碰一下就做清除動作)

4. SW2 當手動啟動計數,按下去才有跑馬燈動作,否則停止在某一個燈的位置。
   (即按下去燈在移動,不按時只有某一個燈亮著)

5. 當把 CLOCK 設成 100Hz 或 1kHz 的時候,將看到 12 個 LED 都在亮(高速執行的結果。這就是「輪盤賭具」的一種,當然也可以當做「比大小的賭具」)。

> ＊嚴禁同學拿來對賭,抓到就當掉!

9-5 同步計數器 IC 的串接

常用的同步計數器IC有74160系列(160~163)、74168系列(168,169)及74190系列(190~193)。

1. 74160 系列:(160、162)十進制計數器,(161、163)二進制計數器。

2. 74168 系列:(168)上/下計數(十進制),(169)上/下計數(二進制)。

3. 74190 系列:(190、192)上/下計數(十進制),(191、193)上/下計數(二進制)。

9-5-1 74LS160 系列的串接

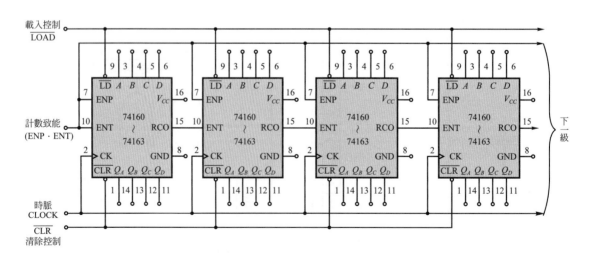

圖 9-25　74LS160;161、162、163 的串接線路圖

1.　十進制串接：使用 74LS160 或 74LS162。$(0\sim 9,999)_{10}$

2.　二進制串接：使用 74LS161 或 74LS163。$(0000\sim FFFF)_{16}$

3.　計數致能(ENP·ENT)(意思同時為 1)

(1)　(ENP·ENT) = 1時，正常計數。

(2)　(ENP·ENT) = 0時，停止計數。

4.　觸發模式：CLOCK 的「前緣」為有效觸發。

5.　載入控制($\overline{\text{LOAD}}$)

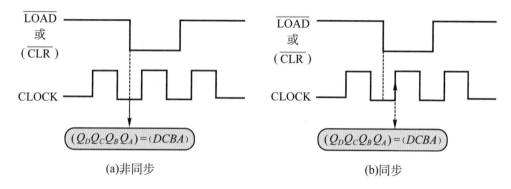

圖 9-26　同步動作和非同步動作的說明

(1)　非同步載入：如圖(a)所示

當$\overline{\text{LOAD}} = 0$的那一瞬間，直接把$DCBA$預先設定的數值，直接塞進$Q_D Q_C Q_B Q_A = (DCBA)$。

(2)　同步載入：如圖(b)所示，74160、161、162、163 都是同步載入

當$\overline{\text{LOAD}} = 0$的時候，不會立刻執行載入的動作，必須在$\overline{\text{LOAD}} = 0$，並且遇到 CLOCK 前緣的那一瞬間，才使$Q_D Q_C Q_B Q_A = (DCBA)$。

6.　清除控制($\overline{\text{CLR}}$)

(1)　74LS160(十進制)，74LS161(二進制)都是非同步清除。

(2)　74LS162(十進制)，74LS163(二進制)都是同步清除。

> ＊74LS160 系列計數器 IC 的接腳都相同很容易相互取代。

9-5-2 上／下計數器的串接

一、74LS168，169 的串接

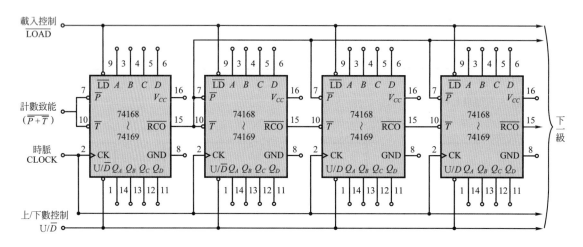

圖 9-27 74LS168、169 的串接線路圖

　　若您仔細比對圖 9-25 和圖 9-27 接腳的功能，最大的差別在於 Pin1。74LS160 系列的 Pin1 是做(清除控制接腳)，74LS168 系列的 Pin1 是做(上／下計數控制接腳)。74LS168 和 74LS169 接腳完全相同。

　1.　十進制串接：使用 74LS168。

　2.　二進制串接：使用 74LS169。

　3.　計數致能($\overline{P} + \overline{T}$)(意思是同時為 0)

　　(1)　($\overline{P} + \overline{T}$) = 0時，正常計數。

　　(2)　($\overline{P} + \overline{T}$) = 1時，停止計數。

> ＊和 74LS160 系列的計數致能(ENP·ENT)正好相反。

　4.　觸發模式：CLOCK 的「前緣」為有效觸發。

　5.　載入控制($\overline{\text{LOAD}}$)：為同步載入動作。

　6.　上／下數控制($U/\overline{D}$)

　　(1)　$U/\overline{D} = 1$，做上數的動作。

　　(2)　$U/\overline{D} = 0$，做下數的動作。

二、74LS190 系列的串接：190 和 191

因 74LS190 系列中的 190 和 191 為模式選擇型的上／下數計數器IC，由$D/\overline{U}$控制上／下數的動作。而 192 和 193 是時脈分離型的上／下數計數 IC，共有兩支 CLOCK 輸入腳，(CK UP 和 CK DN)，所以 74LS190 系列的串接，必須分成兩種。

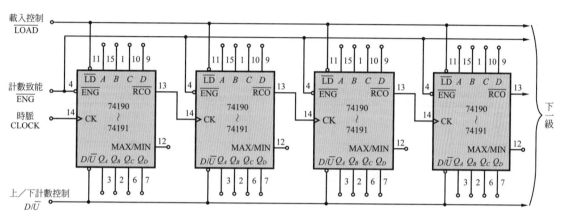

圖 9-28　74LS190、191 的串接線路圖

1.　十進制串接應該使用那一型號的計數 IC？ ＿＿＿＿＿ 。

2.　二進制串接應該使用那一型號的計數 IC？ ＿＿＿＿＿ 。

3.　計數致能$\overline{\text{ENG}}$。

(1)　$\overline{\text{ENG}} = 0$，做什麼動作？ ＿＿＿＿＿ 。

(2)　$\overline{\text{ENG}} = 1$，做什麼動作？ ＿＿＿＿＿ 。

4.　從那裡得知 74LS190 和 191 是前緣觸發之上／下計數器？

5.　載入控制($\overline{\text{LOAD}}$)；74LS190，191 為非同步載入，只要$\overline{\text{LOAD}} = 0$的那一瞬間，就會使$(Q_D Q_C Q_B Q_A) = (DCBA)$。

6.　這兩顆 IC 沒有「清除控制」接腳，說明如何完成清除的動作。

(1)　$DCBA$設為＿＿＿＿＿ ，

(2)　$\overline{\text{LOAD}}$加什麼信號？ ＿＿＿＿＿ 。

7.　什麼狀況下，MAX/MIN = 1？

8.　什麼狀況下，$\overline{\text{RCO}} = 0$？

＊溫故知新
　　請回頭看一下第七章，您就可以順利地回答上述問題。

三、74LS190 系列的串接：192 和 193

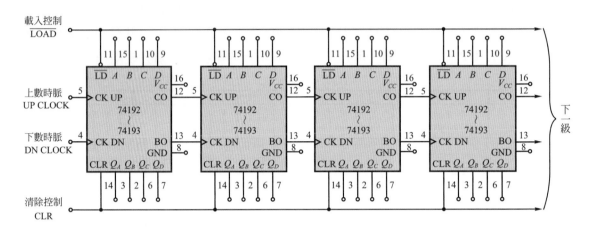

圖 9-29　74LS192、193 的串接線路圖

1. 十進制串接應該使用那一型號的計數 IC？_____。

2. 二進制串接應該使用那一型號的計數 IC？_____。

3. 上數計數和下數計數

(1) 上數計數：由 UP CLOCK 輸入(Pin5)，但此時必須使下數的 DN CLOCK 輸入(Pin4)保持邏輯 1。

(2) 下數計數：由 DN CLOCK 輸入(Pin4)，但此時必須使上數的 UP CLOCK 輸入(Pin5)保持邏輯 1。

4. 載入控制($\overline{LOAD}$)：74LS192，193 都是非同步載入，正常計數時 $\overline{LOAD} = 1$。

5. 清除控制(CLR)：74LS192，193 都是非同步清除。

(1) CLR 只有一瞬間為邏輯 1，便做清除為 0 的動作。

(2) 正常計數時 CLR = 0。

9-6　具有資料閂鎖功能的計數器 IC

要做計頻器或轉速計的時候，如 9-1 節和 9-3 節所談的方法，都必須外加資料閂鎖器 IC(如 74LS374，八位元 D 型正反器之資料閂鎖 IC)，如此一來將增加 IC 的數目，而使接線的複雜度增加。所以本單元將介紹一些功能較強的計數器 IC 或除頻器 IC 供您參考。

我們把這些 IC 概分為三大類。

1. **690 系列(上數計數器)**

   (1)　74LS690 = 74LS160 + 74LS175 + 74LS257

   (2)　74LS691 = 74LS161 + 74LS175 + 74LS257

   (3)　74LS692 = 74LS162 + 74LS175 + 74LS257

   (4)　74LS693 = 74LS163 + 74LS175 + 74LS257

2. **696 系列(上／下數計數器)**

   (1)　74LS696 = 74LS168 + 74LS175 + 74LS257

   (2)　74LS697 = 74LS169 + 74LS175 + 74LS257

   (3)　74LS698 = 74LS168 + 74LS175 + 74LS257 附同步清除

   (4)　74LS699 = 74LS169 + 74LS175 + 74LS257 附同步清除

3. **590 系列**

   (1)　74LS590 相當於 74LS393 + 74LS374(三態輸出)。

   (2)　74LS591 相當於 74LS393 + 74LS374(集極開路輸出)。

   (3)　74LS592 相當於 74LS374 + 74LS393(輸入資料閂鎖)。

   (4)　74LS593 相當於 74LS592 + 74LS373(輸入和輸出都有資料閂鎖的功能)。

因有篇幅的限制，我們將各選一顆IC來說明其使用方法，並以這些IC改良計頻器或馬達轉速計的電路。

■ 9-6-1　74LS690 的原理和使用方法

在做分類時，我們已得知 74LS690 相當於由 74LS160 和 74LS175 及 74LS257 三顆 IC 做在同一個包裝裡的集成產品。74160 我們已經在上一單元了解它的功能及串接方法。而 74LS690 的功能方塊圖將如圖 9-30 所示。

74LS690 的主要功能還是一個BCD計數器(74LS160、74LS162)或是一個四位元二進制計數器(74LS161、74LS163)。只是 74LS690 系列多了兩項功能：

1. 資料閂鎖功能：74LS175

   圖 9-30 中的 74LS175 是一個內含四個 D 型正反器的 IC，所以可以當做暫存 ICA 的($Q_3Q_2Q_1Q_0$)。

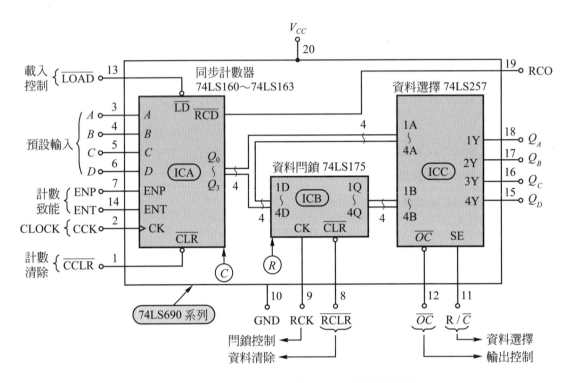

圖 9-30　74LS690 系列的功能方塊圖與接腳

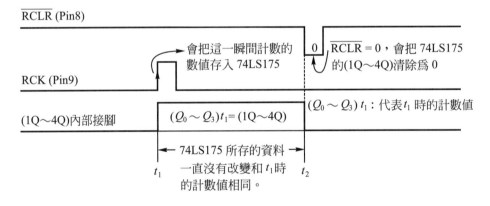

圖 9-31　資料閂鎖的動作說明

　　當 RCK(Pin9)接收到一次前緣觸發的時候，若此時(t_1)計數器的數值為 6 (ICA 的$Q_3Q_2Q_1Q_0 = 0110$)，就在t_1這一瞬間會把數值 6 存入 74LS175，使得 74LS175 的(4Q，3Q，2Q，1Q) = (0，1，1，0)。t_1以後，計數器並沒有停下來，繼續由 CCK(Pin2)的 CLOCK 做向上計數動作，數值由 6、7、8、9、0、1、2、3……一直在變化。(若是二進制則為 6、7、8、9、A、B、C、D、E、

F、0、1、2……)

　　但對 74LS175 而言，並沒有被再次觸發，所以從 t_1 開始，74LS175 的輸出 (4Q，3Q，2Q，1Q)一直為(0，1，1，0)。即所代表的數值一直為 6。到了 t_2 的時候，$\overline{RCLR} = 0$，將對 74LS175 內部四個 D 型正反器做清除的動作，使得 t_2 以後(4Q，3Q，2Q，1Q) = (0，0，0，0)。有關 74LS175，請看圖 9-31 波形分析。

2. 資料選擇功能：74LS257

　　74LS257 是一顆內含四組 2 對 1 的資料選擇器，且其輸出(4Y～1Y)具有三態閘的特性。$\overline{OC}$(Pin12) = 1 的時候，(Q_D，Q_C，Q_B，Q_A)都成為高阻抗狀態，$\overline{OC}$ = 0 才能有正常的輸出。

　　$R/\overline{C}$(Pin11) = 0 的時候，乃選定(4A～1A)當 74LS257 的輸出，而(4A～1A) 乃接到 74LS160 系列的輸出($Q_3 \sim Q_0$)，即

　　74LS160 的輸出(Q_3，Q_2，Q_1，Q_0) = 74LS257 的輸出(4Y，3Y，2Y，1Y)
74LS257 的輸出(4Y，3Y，2Y，1Y) = 74LS690 的(Q_D，Q_C，Q_B，Q_A)

　　即 $R/\overline{C}$(Pin11 = 0)時，74LS690 得到的輸出數值為 74LS160 計數器的輸出值，簡言之：當 $R/\overline{C}$ = 0 時，計數器的數值直接輸出。

　　當 $R/\overline{C}$(Pin11) = 1 的時候，乃選擇(1B～4B)當 74LS257 的輸出，此時(4B，3B，2B，1B) = ICB 的(4Q，3Q，2Q，1Q) = 74LS257 的(4Y，3Y，2Y，1Y) = 74LS690 的(Q_D，Q_C，Q_B，Q_A)。

　　即 $R/\overline{C}$(Pin11) = 1 時，74LS690 所得到的輸出值為先前存在 74LS175 裡面的數值。簡言之：所得到的資料是 74LS175 的輸出，而不是 74LS160 計數器的輸出。

(1) RCK 的前緣：計數值($Q_3 Q_2 Q_1 Q_0$)被存入資料閂鎖器中。

(2) $\overline{RCLR}$ = ⎍ ：清除 74LS175 的數值為 0，則(4Q，3Q，2Q，1Q) = (0，0，0，0)

(3) $\overline{OC}$ = 0：可以正常輸出。

(4) $\overline{OC}$ = 1：(Q_D，Q_C，Q_B，Q_A)視同斷路，即(Pin18、17、16、15 與內部斷開)

(5) $R/\overline{C}$ = 0：計數值($Q_3 Q_2 Q_1 Q_0$)當最後輸出，($Q_D Q_C Q_B Q_A$) = ($Q_3 Q_2 Q_1 Q_0$)

(6) $R/\overline{C} = 1$：閂鎖器所存的數值當輸出，$(4Q，3Q，2Q，1Q)$ $= (Q_D，Q_C，Q_B，Q_A)$

線路動作分析

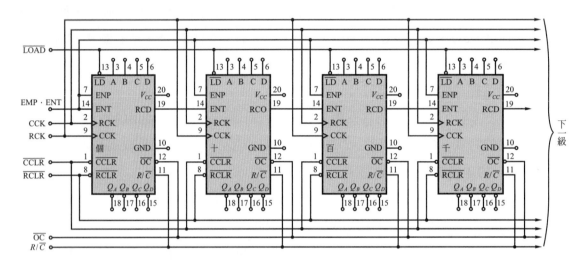

圖 9-32　74LS690 系列的串接線路圖

1. 計數致能 ENP · ENT

當 ENP 和 ENT 同時以邏輯 1 時，才可以正常計動作，即目前接線

(1) ENP · ENT = 1……正常計數動作。

(2) ENP · ENT = 0……停止計數。

2. 時脈信號(CCK 和 RCK)

(1) 計數器的時脈，CCK 的前緣觸發將使計數值加 1。

(2) 資料閂鎖器的時脈，RCK 的前緣將把計數值存入閂鎖器中。

3. 清除信號($\overline{\text{CCLR}}$ 和 $\overline{\text{RCLR}}$)

(1) 計數器的清除控制($\overline{\text{CCLR}}$)，只要有一瞬間為 0(負脈波)，就會立即把計數值全部清除為 0。(但閂鎖器沒被清除)

(2) 資料閂鎖器的清除控制($\overline{\text{RCLR}}$)，當 $\overline{\text{RCLR}}$ 接收到一個負脈波，(即 $\overline{\text{RCLR}} = 0$)，將只把閂鎖器內部所存在的數值清除為。

＊即計數器和資料閂鎖器，各自有自己的清除控制信號。

4.　載入控制信號($\overline{\text{LOAD}}$)

　　當$\overline{\text{LOAD}} = 0$的時候，計數器的輸出為預設輸入($DCBA$)的數值。即每一顆IC 的($Q_D Q_C Q_B Q_A = DCBA$)，在$\overline{\text{LOAD}} = 1$才能做計數。

5.　輸出控制($\overline{\text{OC}}$)

　(1)　$\overline{\text{OC}} = 0$，可正常做計數動作。

　(2)　$\overline{\text{OC}} = 1$，則Q_D、Q_C、Q_B、Q_A(Pin15、16、17、18)都為高阻抗狀態。

6.　資料選擇($R/\overline{C}$)

　(1)　$R/\overline{C} = 0$，以計數器現在的數值當(Q_D、Q_C、Q_B、Q_A)的輸出數值。

　(2)　$R/\overline{C} = 1$，以資料閂鎖器內部的數值當(Q_D、Q_C、Q_B、Q_A)的輸出數值。

■ 9-6-2 74LS690 實驗

一、基本實驗

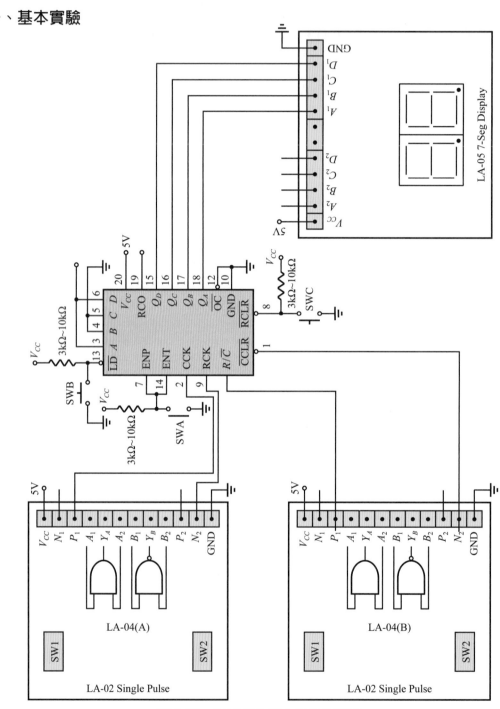

圖 9-33 74LS690 基本實驗接線圖

二、實驗記錄與討論

1. 依目前的接線圖回答下列問題

    (1) 可不可以做計數動作？爲什麼？

    提示：必須$\overline{LD}$和$\overline{CCLR}$同時爲邏輯 1，才可以有計數功能。

    不做$\overline{LOAD}$載入，$\overline{LD}$(Pin13) = 1。

    不做清除，$\overline{CCLR}$(Pin1) = 1。

    (2) LA-05 所顯示的值是計數器的輸出數值，還是內部閂鎖器的輸出數值，爲什麼？

    提示：$R/\overline{C} = 0$和$R/\overline{C} = 1$，各代表什麼意義？

    (3) LA-05 可以有數值顯示，代表(Q_D，Q_C，Q_B，Q_A)並不是高阻抗狀態，爲什麼？

    提示：$\overline{OC} = 0$和$\overline{OC} = 1$，各代表什麼意義？

2. 按一下 LA-04(B)的 SW2，LA-05 顯示什麼數值？_____。爲什麼會顯示這個數值？

3. 按一下 SWB，LA-05 顯示什麼數值？_____，爲什麼會顯示這個數值？

4. 請把計數值清除爲 0，應該按那一個開關？_____。

5. 連續按 LA-04(A)的 SW1 共 5 次，顯示什麼數值？_____。

6. 按一下 SWC，顯示的數值爲多少？_____，爲什麼呢？

7. 把 LA-04(B)的 SW1 壓下去(壓住)，顯示什麼數值？_____。

8. 把 LA-04(B)的 SW1 放開(恢復原狀)，顯示什麼數值？_____。

9. 按一下 LA-04(A)的 SW2，顯示什麼數值？_____。

10. 再按三下 LA-04(A)的 SW1，顯示什麼數值？_____。

11. 把 LA-04(B)的 SW1 壓下去(壓住)，顯示什麼數值？_____。

12. 把 LA-04(B)的 SW1 放開，會顯示什麼數值？_____。

13. 目前計數值是多少？_____，內部資料閂鎖器所存的數值多少？_____。

14. 按 LA-04(A)的 SW1，使計數器輸出值爲 9，則 RCO(Pin19)，RCO 是邏輯 1 還是邏輯 0？_____。

15. 若把 74LS690 做串接，如圖 9-32 所示，請您完成計頻器的電路設計。

16. 如圖 9-32，請您完成轉速計的設計。

17. 如圖 9-32，請您完成電子碼錶的設計。

9-6-3　74LS696 系列的原理和使用方法

74LS696～74LS699 系列的IC，是由(74LS168，169)(上／下數計數器)和74LS175 (資料閂鎖器)及 74LS257(四組二對一資料選擇器)所組合而成的集成 IC。具有上／下計數動作和資料閂鎖的功能。

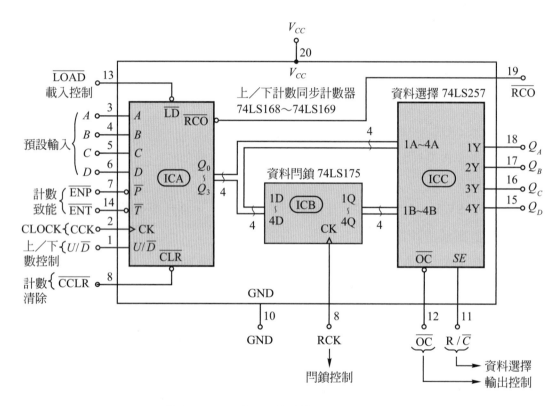

圖 9-34　74LS696 的功能方塊圖與接腳

回頭看一下圖 9-27 您將清楚 74LS696 系列 IC 的計數功能是怎麼動作。再比較一下圖 9-30，您將發現，74LS696 和 74LS690 的接腳功能幾乎相同，唯一的差異只有第一腳($U/\overline{D}$)和第八腳($\overline{\text{CCLR}}$)，而控制功能的差別為

計數功能 $\begin{cases} 74LS690\ 計數動作：ENP \cdot ENT = 1， \\ 即\ ENP\ 和\ ENT\ 必須同時為\ 1。 \\ 74LS696\ 計數動作：\overline{ENP} + \overline{ENT} = 0， \\ 即\ \overline{ENP}\ 和\ \overline{ENT}\ 必須同時為\ 0。 \end{cases}$

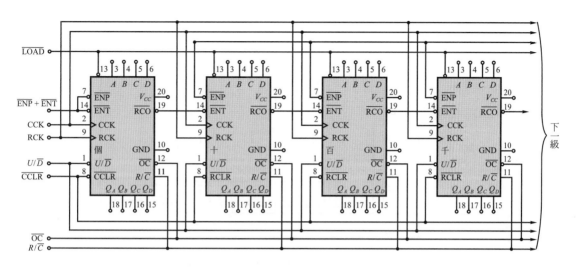

圖 9-35　74LS696 系列的串接線路圖

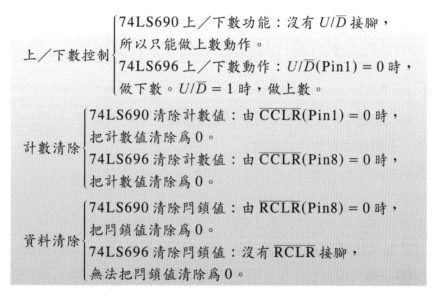

上／下數控制 { 74LS690 上／下數功能：沒有 $U/\overline{D}$ 接腳，所以只能做上數動作。
74LS696 上／下數動作：$U/\overline{D}(\text{Pin1}) = 0$ 時，做下數。$U/\overline{D} = 1$ 時，做上數。

計數清除 { 74LS690 清除計數值：由 $\overline{CCLR}(\text{Pin1}) = 0$ 時，把計數值清除為 0。
74LS696 清除計數值：由 $\overline{CCLR}(\text{Pin8}) = 0$ 時，把計數值清除為 0。

資料清除 { 74LS690 清除閂鎖值：由 $\overline{RCLR}(\text{Pin8}) = 0$ 時，把閂鎖值清除為 0。
74LS696 清除閂鎖值：沒有 $\overline{RCLR}$ 接腳，無法把閂鎖值清除為 0。

有關各控制接腳的功能，都已經詳細說明在圖 9-27 和圖 9-34，請您回頭望一望。若我們把圖 9-35 做成一塊可以連續串接的模板時，您將擁有屬於自己自由創作的天空。

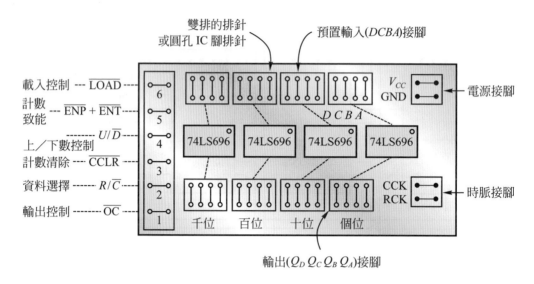

圖 9-36　做乙片多功能計數模板

9-7　設計工程師的創意訓練(計數器的應用)

一、想想看

1.　請問在數位電路中，計數器是在計算什麼？是在數什麼？
　　答案是：在數輸入有多少個脈波。

2.　那麼脈波可以代表什麼？
　　答案是：

(1)　週期固定的脈波，可以代表「時間」，就可以用來測時間。

(2)　單位時間(1 秒鐘)所數到的脈波數叫是多少「頻率」就可以用來測頻率。

(3)　圖(a)轉一圈光被遮住一次，或是微動開關被按了一次，都可以代表產生一個脈波。(測一共轉了多少圈)

(4)　單位時間(1 分鐘)所數到的脈數，就是 rpm(測轉速)

(5)　圖(b)一個物品通過，就有一次遮光的動作，也會產生一個脈波。就可以拿來數物件，數有幾個人通過或有幾台汽車通過……等等，應用實在太多了。

(6)　圖(c)更精密的旋轉偵測器(叫增量型光學編碼器)，轉一圈可以產生 1,024 個脈波，甚致高達 4,096 個脈波，每一個脈波可以代表($360° \div 1024) \approx 0.35°$，所以計數器也可以拿來量角度。

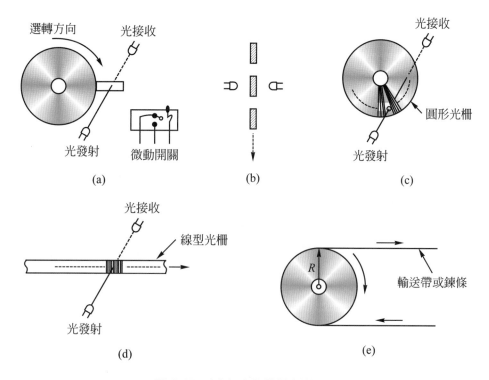

圖 9-37　以光遮斷做範例的說明

(7)　圖(d)在線型光柵移動時，依然產生脈波，此時脈波數就代表所走的距離，就可以做距離量測。

(8)　圖(e)把圖形光柵由輸送帶或鍊條帶動時，則旋轉時所產生的脈波將代表輸送帶或鍊條所走的距離(圓周 $= 2\pi R$)

＊一顆 IC 接腳的功能固定，但應用的變化是無限的。

二、擴大產品功能

　　除了可以計算有多少個脈波以外，必須有啟動計數的控制開關和停止計數的控制開關，能從 0 開始計數的控制開關，或重新設定計數值的控制開關，最好能有向上計數和向下計數的功能的切換，如果能把某一瞬間所算到的數值存起來更好。

　　圖 9-22 和圖 9-25 可以做上數，圖 9-27 和圖 9-28 具有上數和下數的功能，圖 9-29 為另一種可以做上數和下數的計數器，而圖 9-32 和圖 9-35 的電路，同時具有上／下數的功能並且能完成把資料存起來的動作。

■ 9-7-1 計時電路的設計與應用

請用 LA-01～LA-06 的模板完成圖 9-38 所示的功能。時脈的週期若為 T_C，則計時值 = (計數電路的輸出值) × T_C，若 T_C = 0.01 秒，輸出值為 2007，則計時值 = 2007 × 0.01 秒 = 20.07 秒。

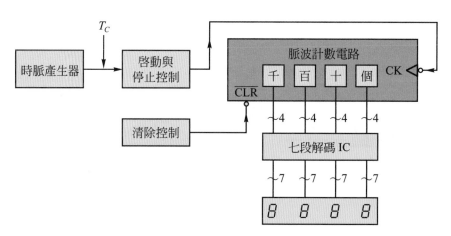

圖 9-38　計時器的基本方塊圖

一、非同步計數器組成計時電路

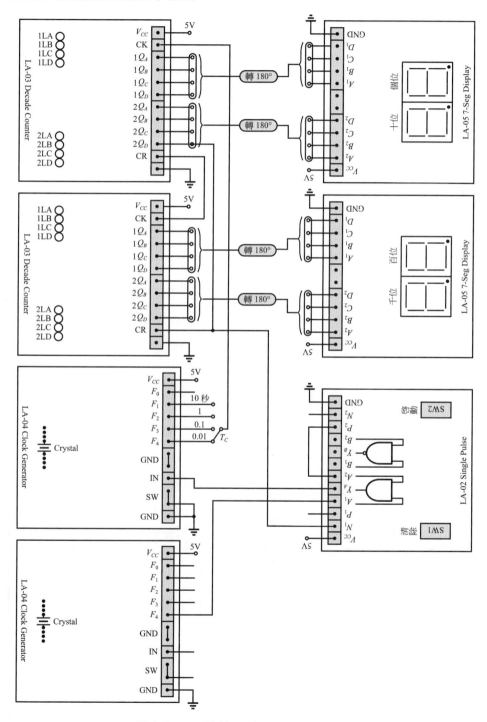

圖 9-39 四位數計時器—電子碼錶㈠

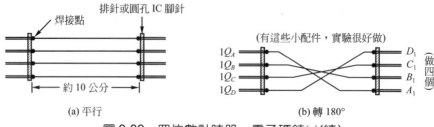

圖 9-39 四位數計時器—電子碼錶㈠(續)

二、同步計數器組成計時電路

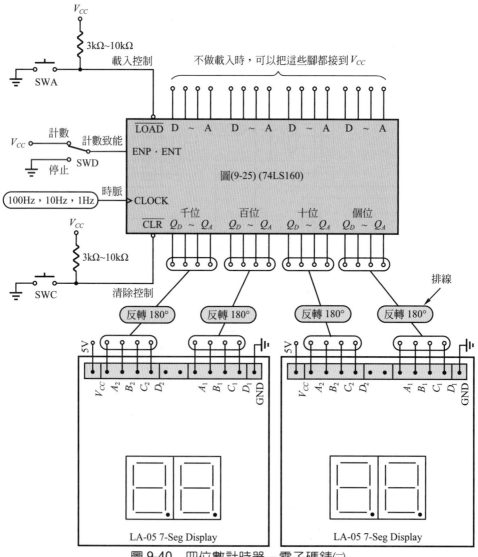

圖 9-40 四位數計時器—電子碼錶㈡

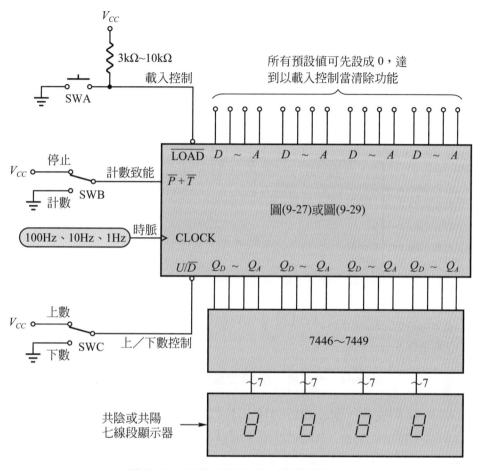

圖 9-41　四位元計時器─電子碼錶(三)

提供圖 9-39、圖 9-40、圖 9-41 的主要目的為：

1. 設定產品的功能─要做什麼？

2. 畫出方塊圖─怎樣做？

3. 找到可以用的 IC─怎麼用？

4. 把線路畫出來─完成設計。

＊上述所言，乃培養一位設計工程師所必經的基本訓練和要求。簡言之：畫方塊，找 IC，想的就是設計。

9-7-2 積木遊戲也能完成實習與設計

如果您把圖 9-32 已做成一塊模板，而且接腳如圖 9-42，請您用這塊模板設計各種實用的產品，圖 9-42 就可以看成是您所設計的 IC。

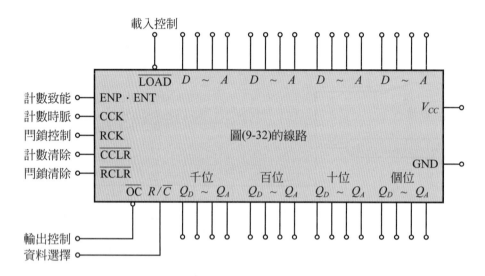

圖 9-42　看成是一顆 42 支腳的設計 IC(CNT2007)

有了圖 9-42 的完成，則一顆新的 IC(CNT2007)就誕生了，您可以用 CNT2007 完成第八章和第九章所有設計，計時器(電子碼錶與定時開關)、計頻器與轉速計、旋轉圈速，旋轉角度或長度與距離、物件計數……。所以設計只不過是一【積木遊戲】。

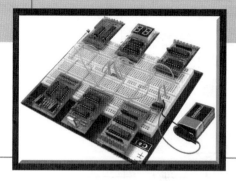

Chapter **10**

為自己做一台數位實驗的
電源供應器

10-1　電源供應器的基本原理與要求

　　半導體電路(電晶體、類比 IC、數位 IC 等)都必須提供直流電壓源，才能正常動作。若使用乾電池當電源，一則太浪費，二則太不環保，為了能讓您在家(在宿舍)也能做數位實驗，本章將讓您學習到如何為自己做一台電源供應器。首先我們必須把台電的 110V(或 220V) 60Hz 的交流電想辦法變成直流電。而一般半導體電路所需的直流電源大約從 2.4V～15V 之間，所以電源供應器的基本原理為：

(1)　用變壓器把 110V(或 220V)降壓到您所需要的電壓值(還是 60Hz 交流電)。

(2)　把 60Hz 的交流電經由全波整流，變成單極性的交流電(120Hz)。

(3)　把單極性的交流電經電容器濾波成平穩的直流電壓。

(4)　把平穩的直流電壓經由穩壓電路，以得到您想要的輸出電壓。

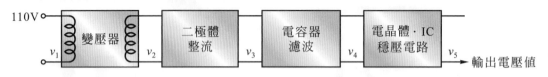

圖 10-1 電源供應器的方塊圖

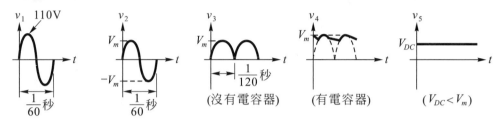

圖 10-2 電源供應器各點波形分析

10-2 電源供應器的線路說明

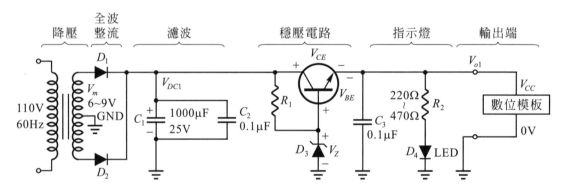

圖 10-3 電晶體穩壓的電源供應器

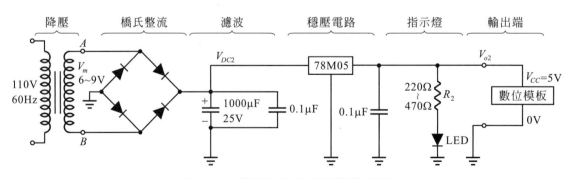

圖 10-4 穩壓 IC 7805 的電源供應器

一、圖(10-3)的說明：

使用有中間抽頭的變壓器，可以只有兩個二極體D_1和D_2完成全波整流。可以選用二次端電壓爲 6V～9V 的變壓器。而所標示的電壓值爲有效值。則峰值

$$V_m = (6V\sim9V)\times \sqrt{2} \approx 8.4V\sim12.6V$$

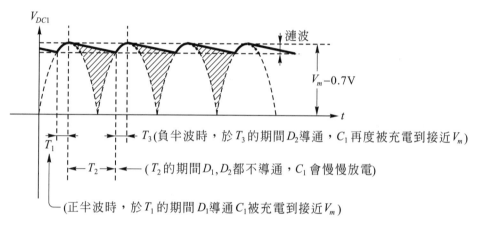

圖 10-5　二極體導通時間只在T_1和T_3的波形分析

爲了使漣波比較小，必須使用電容值比較大的C_1。目前$C_1 = 1000\mu F$，當然您也可以使用 $2000\mu F$ 的電容，而C_1所並聯的C_2只有$0.1\mu F$，電容並聯只是$C_1 + C_2 = 1000.1\mu F$，對電容值增加很少，但爲什麼還要並聯$C_2 = 0.1\mu F$呢？這是因爲大電容幾乎都是使用電解質電容，理論上電容抗$X_C = \dfrac{1}{2\pi f C}$，則於高頻時$f$上升理應$X_C$下降，對高頻而言電容器可以看成阻抗很小的短路狀態。

但如圖(10-6)所示，電解質電容當頻率高到一定程度後，其阻抗值不降反升，意思是說C_1沒有辦法把高頻干擾信號濾除掉，則在V_{DC1}上所存在的不只是直流電壓，而是含有高頻干擾的信號，這些高頻干擾信號會跑到輸出端，那麼一來，V_{o1}所提供的V_{CC}就不是純直流電壓，可能使數位模板受到雜訊干擾而產生誤動作。若在C_1並聯小電容(陶瓷、紙質、雲母、塑膠等)，則能利用小電容有很好的高頻短路特性，把電解質電容C_1的缺失改善。

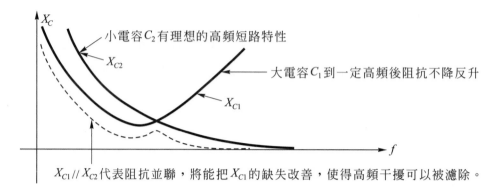

圖 10-6　並聯小電容C_2的理論說明

二、電晶體穩壓電路的分析

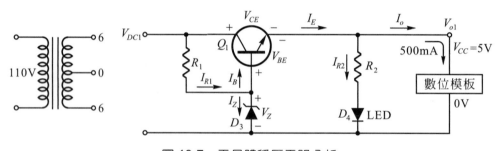

圖 10-7　電晶體穩壓電路分析

　　因所有數位模板全用上所吃的電流大約200mA(含所有LED都亮)，目前我們設計輸出電流到 500mA，當然$V_{o1} = V_{CC} = 5$V，則R_1、D_3、D_4、R_2及電晶體應該如何選擇呢？若您買的變壓器是110V降(6V−0−6V)，經過D_1和D_2全波整流後，$V_{DC1} \approx 6\text{V} \times \sqrt{2} - 0.7\text{V} \approx 7.7\text{V}$。此時可由兩條迴路找$V_{o1}$的大小。

(1)　　$V_{o1} = V_{DC1} - V_{CE}$……但$V_{CE}$不知道，所以此式找不到$V_{o1}$。

(2)　　$V_{o1} = V_Z - V_{BE}$………Zener Diode 的V_Z已知，$V_{BE} \approx 0.7$V 此式可找到V_{o1}。

　　齊納二極體(Zener Diode)是一個最基本的穩壓元件，只要串一個電阻就能得到固定的輸出電壓，其動作結果和特性曲線如圖(10-8)所示。

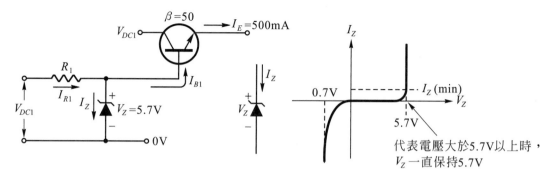

圖 10-8　齊納二極體動作與特性曲線說明

只要 $V_{DC1} > 5.7V$，則齊納二極體兩端的電壓 V_Z 一直保持 $V_Z = 5.7V$，但從特性曲線看到真正保持 5.7V 時，必須讓流經齊納二極體的電流 $I_Z > I_{Z(min)}$ 意思是說想要齊納二極體具有穩壓的功能時，要確保 I_Z 保持有最少的電流 $I_{Z(min)}$。而購買齊納二極體的時候必須說明 P_Z(多少瓦特)和 V_Z(多少伏特)，若您用的是($\frac{1}{2}$W，5.7V)的齊納二極體，那麼這顆齊納二極體的最大電流 $I_{Z(max)}$ 為

$$I_{Z(max)} = \frac{\frac{1}{2}W}{5.7V} = \frac{500mW}{5.7V} \approx 88mA$$

一般設計的經驗值可以設定 $I_{Z(min)} \approx (\frac{1}{20} \sim \frac{1}{10}) \times I_{Z(max)} \approx 4.4mA \sim 8.8mA$，我們可以選用 $I_{Z(min)} = 5mA$。而 Q_1 電晶體的 β 值($\beta = 50$)，則 $I_B \approx \frac{I_E}{\beta+1}$，$I_B \approx 10mA$。如此一來 $I_{R1} = I_Z + I_B \approx 5mA + 10mA = 15mA$，則 $R_1 = \frac{V_{DC1} - V_Z}{I_{R1}} = \frac{7.7V - 5.7V}{15mA} \approx 133\Omega$，買不到 133$\Omega$ 的電阻，就選用比 133Ω 小一點的電阻可以確保 $I_{Z(min)} > 5mA$，則選定 $R_1 = 120\Omega$ 而 R_1 的功率損耗為 $P_D = I_{R1}{}^2 \times R_1$，當 $R_1 = 120\Omega$，則 $I_{R1} = \frac{V_{DC1} - V_Z}{120\Omega} = \frac{7.7V - 5.7V}{120\Omega} \approx 16.6mA$，那麼 R_1 的功率損耗 $P_D = I_{R1}{}^2 \times R_1 = (16.6mA)^2 \times 120\Omega = 33.3mW$，所以可以選用(120$\Omega$，$\frac{1}{4}$W)的電阻當 R_1。

$V_{DC1} = 7.7V$，所以電晶體 Q_1 的耐壓 $V_{CEO} \approx 7.7V \times 1.5$ 倍 $\approx 11.5V$，一般電晶體耐壓大都在 20V 以上。所以您可以隨便找一個電晶體，只要它的耐電流 $I_{C(max)}$ 達到 500mA

就能使用了。歸納上述分析與說明，則選用的零件為 R_1：(120Ω，$\frac{1}{2}$W)，齊納二極

體：($\frac{1}{2}$W，5.7V)，電晶體：$\beta = 50$ 以上，$I_{C(\max)} = 500$mA 以上，$V_{CEO} = 15$V 以上。

但當您買不到 5.7V 的齊納二極體時，該怎麼辦呢？您可以如圖(10-9)所示，做必要的
修正。

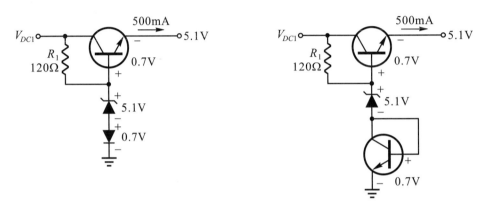

圖 10-9　齊納二極體的改善方法

三、圖(10-4)的說明

　　圖(10-4)和圖(10-3)最大的差別為變壓器、整流器和穩壓電路，圖(10-4)改用沒有
中間抽頭的變壓器，採用橋氏整流子及 7805 穩壓IC，就能很容易得到直流 5V 的電源
供應器。在穩壓 IC 中有常用的 78 和 79 系列。78 系列為正電壓、79 系列為負電壓。
分別常用的有 7805、7809、7812、7815、7905、7909、7912、7915。

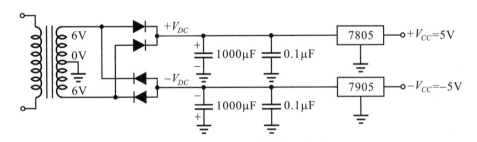

圖 10-10　穩壓 IC 的雙電源電路

　　若您想要得到± $V_{CC} = \pm\, 9$V，則只要改用 7809 和 7909，然後再找變壓器改成二次
端電壓為(9V－0－9V)就可以了。

10-3　常識問題

在不知道型號的情況下，怎樣說明您要的規格，就能買到您要的零件？

(1) 買電阻至少要講哪些規格？

Ans：歐姆值和瓦特數。

(2) 買整流二極體至少要講哪些規格？

Ans：逆向耐壓和順向電流。

(3) 買電源變壓器至少要講哪些規格？

Ans：二次端電壓和二次端電流。

老闆我要買一個 110V 變(9V－0－9V)、3A 的變壓器，而不是我要買一個 1.5 公斤重的變壓器。

(4) 買電容至少要講哪些規格？

Ans：電容值(μF 或 pF)及耐壓多少伏特。

(5) 買齊納二極體至少要講哪些規格？

Ans：齊納電壓和瓦特數。(買一個 6.8V，$\frac{1}{2}$W 的齊納二極體)

(6) 買電晶體至少要講哪些規格？

Ans：NPN 或 PNP，耐壓多少？(V_{CEO}多少伏特)，耐電流多少？$I_{C(max)}$多少mA (或A)，最好也能提出 β 值要多大及截止頻率要多少Hz。如此一來店員就可以馬上幫您上網找到您要且他們有賣的電晶體給您，根本不需要知道電晶體的編號。

(7) 買橋氏整流子至少要講哪些規格？

Ans：耐電流就可以了。(老闆我要買一個 3 安培的橋氏整流子)

(8) 買穩壓 IC 至少要講哪些規格？

Ans：78×× 或 79××，但要講明耐電流是多少？

(老闆我要一個耐電流 1A 的 7809)他一定會拿一個 78M09 給您。因有三種類型 78L09：100mA、78M09：1A、78H09：3A，並且形狀大小都不相同。當您要用 78×× 或 79×× 時，一定要上網找到它們的接腳圖，因 78×× 和 79×× 的輸入、輸出接腳排列並不一樣。

＊建議您：把圖(10-4)的電路做一台屬於您自己個人使用的電源供應
器，您就可以在家裡做實驗，6V、1A 變壓器，1A 橋氏整流子，
78M05、1000μF 電容及 0.1μF 和 LED 與電阻。(8個零件，就是
一台電源供應器)

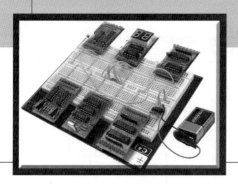

Chapter 11

數位及類比系統對 AC 110V/220V 介面處理

實習目的：了解不同電源系統之間隔離的重要性及其介面處理方法

(1) 認識介面處理的各種方法及其線路製作。

(2) 電磁式繼電器如何達到介面處理的功能與方法。

(3) 工業電子半導體(SCR，TRIAC)如何取代金屬接點開關。

(4) 光電式固態繼電器(SSR)介面處理的功能與方法。

(5) 為自己做一個"介面處理器"留著做畢業專題。

11-1　不同電源系統之間隔離的重要性

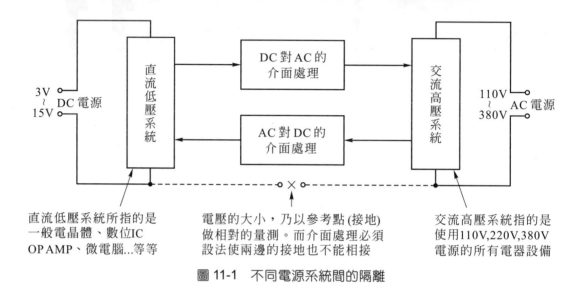

圖 11-1　不同電源系統間的隔離

介面處理的必要性

(1)　直流系統無法直接驅動交流負載。

(2)　交流高壓系統，不能直接加到直流系統，會造成嚴重的破壞。

(3)　直流系統與交流系統的參考點(接地)，若不各自獨立(不相接)否則會因突波而相互干擾，甚致因漏電或雷擊而燒毀。

(4)　最主要乃因電壓不同，資料無法彼此互通。

　　首先我們來談論一下，不同直流電壓系統的資料傳輸問題及解決方法，然後再切入直流低壓系統與交流高壓系統間的介面處理問題之解決方法。

11-2　直流位準的轉換原因與方法

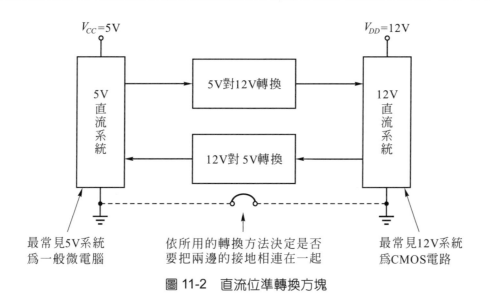

圖 11-2　直流位準轉換方塊

圖 11-3　TTL 和 CMOS 系統

對TTL數位IC或微電腦的輸出，其邏輯 1 為(2.4V 以上～3.6V)，邏輯 0 為(0.8V以下)。然而對CMOS而言，4V以下為邏輯 0，9V以上為邏輯 1，將造成CMOS(12V)系統永遠把TTL系統的輸出看成是邏輯 0，而沒有邏輯 1，則兩者之間將無法做資料的傳送，系統無法直接連結，因而必須做位準的轉換。

我們將介紹兩者最常用的轉換方式

(1)　電晶體集極開路輸出的轉換。

(2)　光耦合器電源隔離的轉換。

一、電晶體集極開路輸出的轉換

(1) NPN 電晶體轉換方法

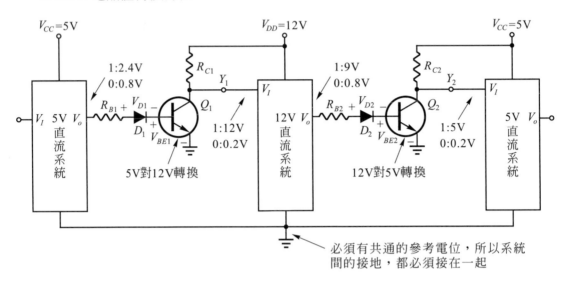

圖 11-4　直流位準轉換(一)：NPN 電晶體

① 5V 對 12V 的轉換

　　5V 系統：$V_o = 0.8V$ 以下時，$0.8V < V_{D1} + V_{BE1}$，Q_1為 OFF，$Y_1 = 1$，
　　　　　　即$V_I \approx 12V$

　　　　　　$V_o = 2.4V$ 以上時，$2.4V > V_{D1} + V_{BE1}$，Q_1為 ON，$Y_1 = 0$，
　　　　　　即$V_I \approx 0.2V$

　　12V 系統：$V_I = 12V$，代表輸入為邏輯 1

　　　　　　　$V_I = 0.2V$，代表輸入為邏輯 0。

② 12V 對 5V 的轉換

　　12V 系統：$V_o = 9V$ 以上時，$9V > V_{D2} + V_{BE2}$，Q_2為 ON，$Y_2 = 0$，
　　　　　　　即$V_I \approx 0.2V$

　　　　　　　$V_o = 0.1V$ 以下時，$0.1V < V_{D2} + V_{BE2}$，Q_2為 OFF，$Y_2 = 1$，
　　　　　　　即$V_I \approx 5V$

　　5V 系統：$V_I = 0.2V$，代表輸入為邏輯 0

　　　　　　$V_I = 5V$，代表輸入為邏輯 1。

(2)　數位 IC 轉換方法

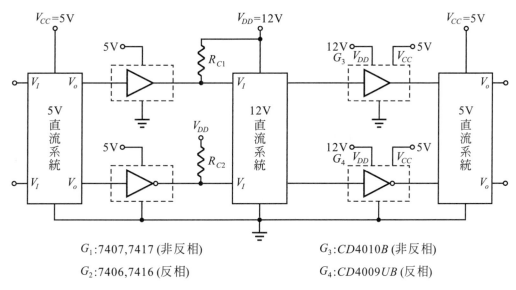

G_1:7407,7417 (非反相)　　　　G_3:CD4010B (非反相)

G_2:7406,7416 (反相)　　　　　G_4:CD4009UB (反相)

圖 11-5　直流位準轉換(二)：數位 IC

以數位轉換 IC 完成直流位準的轉換最常被使用，其中 5V 對 12V(到 30V) 的轉換，大都採用集極開路式的數位 IC，如 7407、7417(緩衝器，Buffer)及 7406、7416(反相器，Inverter)。

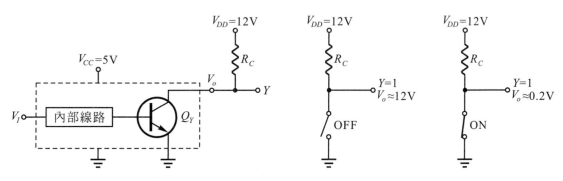

圖 11-6　7407、7417、7406、7416 輸出部份

7407、7406 系列的 IC，其集極均為開路狀態，當外加一個提升電阻 R_C 以後，Q_Y 電晶體 ON 的時候，有如把 V_o 接地，即 $Y = 0$(實際上 $V_o \approx V_{CE(\text{sat})} \approx 0.2V$)；$Q_Y$ 電晶體 OFF 的時候，視同開關 OFF，則 $Y = 1$ ($V_o \approx V_{DD} = 12V$)。

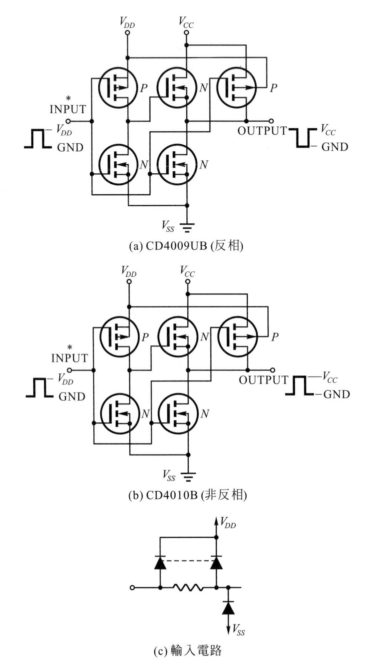

(a) CD4009UB (反相)

(b) CD4010B (非反相)

(c) 輸入電路

圖 11-7　CD4009UB 和 CD4010B 電路結構

　　這兩顆 IC 不必外加提升電阻，因它內部 P-通道 MOSFET 就如同外加電阻，所以當 V_{DD} 和 V_{CC} 選用不同的電壓就有不用的功用。

① $V_{DD} = V_{CC} = $ 5V......................當做 5V 系統使用(TTL)。

② $V_{DD} = V_{CC} = $ 12V ....當做 12V 系統使用(CMOS)。

③ $V_{DD} = $ 12V，$V_{CC} = $ 5V.................當做 CMOS 對 TTL 的直流位準轉換。

④ $V_{DD} = $ 5V，$V_{CC} = $ 12V.................當做 TTL 對 CMOS 的直流位準轉換。

CD4009UB 和 CD4010B 這兩顆 IC 比較特殊，因 V_{DD} 可以加 3～18V，而 V_{CC} 也可以加 3V 到 V_{DD}，所以才有上述①～④的應用組合，且它們的電流驅動能力 I_{OL} 及 I_{OH} 亦足以驅動 TTL 數位 IC。

二、光耦合器轉換方法

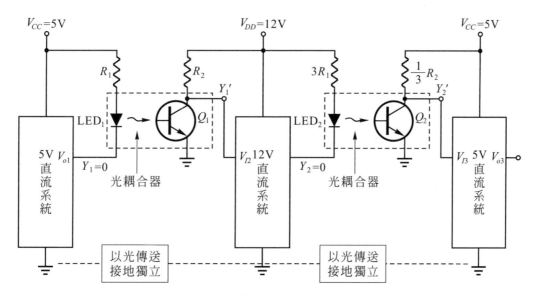

圖 11-8　光耦合器直流位準轉換方法

光耦合器直流位準轉換方法，乃控制發光二極體是否發光，達到光電晶體 ON、OFF 的動作。一般因發光二極體所需的電流較大，幾乎所有系統都是低態動作($Y_1 = 0$，或 $Y_2 = 0$ 才發光)，有關光耦合器的資料，請參閱全華圖書 0295902 第 15 章說明。

① 當 $Y_1 = 0$ 時，發射器(LED_1 順向)而導通，並發光使光電晶體 ON，則 $Y_1' = 0$，$V_{I2} \approx 0.2V$，代表所收到的資料為邏輯 0，相同的 $Y_2 = 0$ 時(LED_2 順向)而導通，並發光，則 Q_2 為 ON，$Y_2' = 0$。

② 當 $Y_1 = 1$ 或 $Y_2 = 1$ 時

Y_1、Y_2 為邏輯 1 時，LED_1 和 LED_2 沒有順向電流，則 LED_1、LED_2 為 OFF，

而沒有光的發射，使得Q_1、Q_2為 OFF。則$Y_1{}'=1$、$Y_2{}'=1$。

③ 因為是用"光"的有無代表邏輯狀況，此時不必有任何的參考電位，所以各系統的接地各自獨立，不必相接。此時

※光耦合器完成位準轉換和電源隔離的功能。

11-3 實習項目(一)：直流位準的轉換與實習

一、電晶體轉換方法

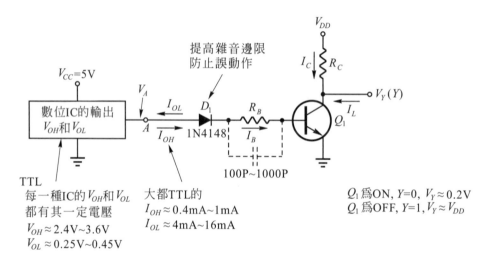

圖 11-9　NPN 電晶體位準轉換

1. $V_A = V_{OH}$的考慮

當$V_A = V_{OH}$時，希望D_1、Q_1為 ON，且$V_Y = 0.2V$(即Q_1飽和)，而此時數位 IC 的輸出電壓可能只有 2.4V，意思在 2.4V 的情況下必須保證Q_1為 ON。

(1) 先確定Q_1的規定(依您自己選用的電晶體定標準)

① $I_{C(max)} = $_____(決定$R_c$的最小值)。

※$I_{C(max)}$可以從資料手冊中找到(確定R_c的最小值)。
※一般「小黑豆」(9012、9013……)也都能達(60mA～100mA)。

② 實際的 I_C 必須小於 $I_{C(\max)}$，經驗上經常取實際的 I_C 不要超過電晶體規格中 $I_{C(\max)}$ 的一半。

> ※ $I_C \leq \dfrac{1}{2} I_{C(\max)}$ ……避免電流太大而發燙。

(2) R_C 的決定

① $I_{C(\text{sat})} \approx \dfrac{V_{DD} - V_{CE(\text{sat})}}{R_C} \approx \dfrac{V_{DD}}{R_C}$，因 $V_{CE(\text{sat})} \approx 0.1\text{V} \sim 0.3\text{V}$，

即 $\dfrac{V_{DD}}{R_C} < \dfrac{1}{2} I_{C(\max)}$ ……決定 R_C 最小值：$R_{C(\min)}$。

② 設計經驗上，讓 $I_C = 10\text{mA}$ 已足夠應付所有數位 IC，則此時的 $R_C = \dfrac{V_{DD}}{10\text{mA}}$，

若 $V_{DD} = 12\text{V}$，則 $R_C = 1.2\text{k}\Omega$。

(3) β 值的決定

① 量到 Q_1 的 β 值是多少？ β 值 = _____。

> ※ 大都在 $I_{C(\max)} = 60 \sim 100\text{mA}$ 以下的電晶體，其 β 值很少小於 100。
> 所以我們可以定 $\beta = 100$ 去設計 R_B。

(4) R_B 的決定

① 當 V_{OH} 最差的情況為 2.4V，必須保證 Q_1 為 ON，且飽和，使 $V_{CE(\text{sat})} \approx 0.2\text{V}$。

② $I_B = \dfrac{V_{OH} - V_{D1} - V_{BE1}}{R_B} \approx \dfrac{V_{OH} - 1.4\text{V}}{R_B} \approx \dfrac{1\text{V}}{R_B}$

因 β 值定 100，則 $I_{B(\min)} > \dfrac{I_C}{\beta} \approx \dfrac{10\text{mA}}{100} = 0.1\text{mA} = 100\mu\text{A}$

$R_{B(\max)} < \dfrac{1\text{V}}{I_{B(\min)}} = \dfrac{1\text{V}}{100\mu\text{A}} = 10\text{k}\Omega$

為了確保 I_B 一定比 $I_{B(\min)}$ 大，R_B 可以選用比 10k 小一點，採一個最接近 10k 的色碼電阻 $8.2\text{k}\Omega$。

③ 此時的 I_B 乃數位 IC 的 I_C ($\approx 0.4 \sim 0.8$mA) > I_B (≈ 0.1mA)可正常動作。

2. $V_A = V_{OL}$ 的考慮

(1) 當 $V_A = V_{OL}$ 的時候，必須確保 Q_1 一定 OFF。

※但是有些品質不是很好或規格不一樣的 IC，其 V_{OL} 可能高達 0.8V 甚至到 1V，將超過電晶體 V_{BE1} 的 0.7V，而導致在邏輯 0 時，電晶體 Q_1 也導通。

(2) 所以加了一個串接的二極體 D_1，以提高要使 Q_1 為 ON 的電壓必須到達 1.4V ($V_{D1} + V_{BE1}$)，如此一來當 V_{OL} 有 0.8V $\sim$ 1V 的情況發生，Q_1 也不會誤動作而導通。

※所以說 D_1 的功用乃提高電路的雜音邊限。

3. 依圖接線

(1) $R_B = 8.2$kΩ，$R_C = 1.2$kΩ，D_1：1N4148，Q_1：9013。

(2) $V_A = 0.4$V 時

$I_B = $ _____ ， $I_C = $ _____ ， $V_Y = $ _____ ， $Y = $ _____ 。

(3) $V_A = 2.4$V 時

$I_B = $ _____ ， $I_C = $ _____ ， $V_Y = $ _____ ， $Y = $ _____ 。

(4) $V_A = 2.4$V 時，且 $R_C = 200$Ω(代表 Q_1 負載電流 I_L 太大)

$I_B = $ _____ ， $I_C = $ _____ ， $V_Y = $ _____ ， $Y = $ _____ 。

4. 問題

(1) I_L 太大時，V_Y 會上升，請說明其原因？

(2) 若在 R_B 並聯一個 100pF $\sim$ 1000pF 的小電容，有何作用？

(3) 若 $V_{DD} = 30$V，$I_C \approx 30$mA，則 $R_C = $ _____ 。

(4) 在 $I_C = 30$mA 的情況下，若 $\beta = 50$，$V_A = 3.2$V，$R_B = $ _____ 。

二、數位 IC 轉換方法

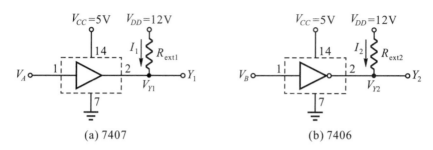

(a) 7407　　　　　　　　(b) 7406

圖 11-10　TTL 對 CMOS 位準轉換

1. I_{OH} 和 I_{OL} 的確認

   (1) 查資料手冊得知 7407，$I_{OH} = \underline{\quad 0.25mA \quad}$，$I_{OL} = \underline{\quad 40mA \quad}$。

   (2) 查資料手冊得知 7406，$I_{OH} = \underline{\quad 0.25mA \quad}$，$I_{OL} = \underline{\quad 40mA \quad}$。

2. V_{OH} 和 V_{OL} 的確認

   (1) 查資料手冊得知 7407，$V_{OH} = \underline{\quad 30V \quad}$，$V_{OL} = \underline{\quad 0.4V \sim 0.7V \quad}$。

   (2) 查資料手冊得知 7406，$V_{OH} = \underline{\quad 30V \quad}$，$V_{OL} = \underline{\quad 0.4V \sim 0.7V \quad}$。

3. 問題

   (1) $V_{DD} = 12V$ 的情況下，$R_{ext1(min)}$ 和 $R_{ext2(min)}$ 的最小值是多少？

   $R_{ext1(min)} = \underline{\qquad\qquad}$，$R_{ext2(min)} = \underline{\qquad\qquad}$。

   > ※提示：最大電流為 $I_{OL} = 40mA$，最小電壓 $V_{OL} = 0.4V$

   (2) 目前 7407 和 7406 所能加的 $V_{DD(max)} = \underline{\qquad\qquad}$。

   (3) 若希望實際的 $I_1 = 5mA$，$I_2 = 2mA$，則必須使

   $R_{ext1} = \underline{\qquad\qquad}$，$R_{ext2} = \underline{\qquad\qquad}$。

4. 依問題(3)所得的 R_{ext1}，R_{ext2} 完成接線。

5. $V_A = V_B = 0.5V$，則 $V_{Y1} = \underline{\qquad\qquad}$，$V_{Y2} = \underline{\qquad\qquad}$。

6. $V_A = V_B = 2.4V$，則 $V_{Y1} = \underline{\qquad\qquad}$，$V_{Y2} = \underline{\qquad\qquad}$。

三、光耦合器轉換方法

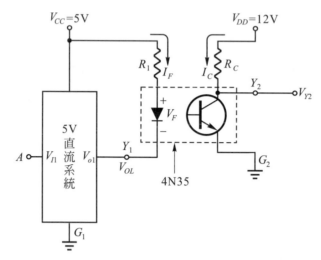

(a) 同相型

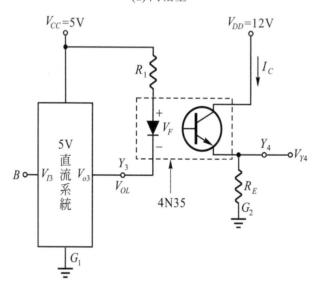

圖 11-11　光耦合器的轉換方法

> ※為了節省實作時間，5V 直流系統就以所加的電壓(0V～5V)代表之，不再用數位 IC 做實習。

1.　因 TTL 數位 I_C 的 $I_{OL} \gg I_{OH}$，所以我們用 I_{OL} 來驅動光耦合器的發光二極體。使 LED 有順向電流 I_F。

2.　但 I_F 必須比 $I_{OL(\max)}$ 小($I_F < I_{OL(\max)}$)，否則會把 TTL 燒毀

> ※若使用 CMOS IC 驅動 LED 時，可以用 I_{OH} 驅動，也可以用 I_{OL} 驅動，而 TTL 最好是用 I_{OL} 驅動 LED。

3.　光耦合器的使用技巧

(1)　因光耦合器的接收端乃為光電晶體，光電晶體的 I_B 乃由光的強弱所取代。

> ※意思是說必須有足夠的光源(照度夠大)才能使光電晶體真正導通。而想得到足夠的光源，就必須使 LED 的順向電流 I_F 夠大。

(2)　光耦合器乃由 I_F 的大小決定光照度的強弱，進而控制光電晶體 I_C 的大小，所以

$$\eta = \dfrac{I_C \longrightarrow \text{光電晶體的電流 } I_C = \eta \times I_F}{I_F \longrightarrow \text{LED的順向電流，用以決定 } I_C \text{的大小}}$$

$$\longrightarrow \text{耦合係數，不同編號有不同的值}$$

(3)　所以必須查資料手冊，找到 4N35 的耦合係數是多少？

　　　Ans：4N35 的 η 值＝_____。

4.　實際 I_C 大小的決定

(1)　已知 $I_C = \eta\, I_F$，則必須先知道所用的 I_F 是多少，才能知道可以使 I_C 達到多大。

(2)　而 I_F 是由數位IC的 I_{OL} 所提供，即 I_F 應該不要比 I_{OL} 大，否則因電流太大，而使數位 IC 的輸出電路燒掉。

> ※已知一般數位 I_C 的 $I_{OL} \approx 8\text{mA} \sim 16\text{mA}$(依規格而定)，若以 8mA 為設計依據，則應能適合所有數位 IC 使用。

(3)　$I_{OL} = 8\text{mA}$ 時，可令 $I_F = 8\text{mA}$(略大一些還可以被接受)。

(4)　當 $I_F = 8\text{mA}$ 時，$I_C = \eta\, I_F = \underline{\quad} \times \underline{\quad} = \underline{\qquad}$。

> ※意思是說想達到 $I_C = \underline{\qquad}$mA，必須加 8mA 的 I_F。

(5) 依目前 $I_C =$ _____ mA，則您的 R_C 必須用多大的電阻？

$$R_C \approx \frac{V_{DD} - V_{CE(\text{sat})}}{I_C} \approx \frac{V_{DD}}{I_C} = \underline{\qquad} 。$$

5. R_1 的決定

(1) 為得到 _____ mA 的 I_C，必須設法使 $I_F = 8\text{mA}$。

※ 因此時 8mA 並未超出數位 IC，$I_{OL} = 8\text{mA}$ 的限制。

(2) $I_F = \dfrac{V_{CC} - V_F - V_{OL}}{R_1} \approx \dfrac{V_{CC} - 1.2\text{V} - 0.2\text{V}}{R_1}$。

※ 一般發光二極體的順向壓降均在 0.7V 以上，大都是 $1\text{V} \sim 1.4\text{V}$(依 I_F 大小而有所不同)，故設計時取平均值 1.2V 為設計參考依據。

(3) 若 $V_{CC} = 5\text{V}$，則

$$R_1 \approx \frac{3.6\text{V}}{I_F} = \frac{3.6\text{V}}{8\text{mA}} \approx 450\Omega。$$

※ 若找不到 450Ω，可使用 470Ω 或小一些 390Ω 更好，但必須注意數位 IC，I_{OL} 的規格而定。

6. 光耦合轉換方法實習與記錄

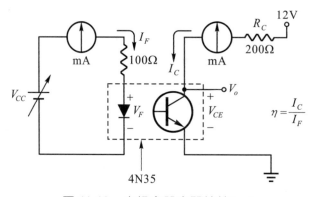

$$\eta = \frac{I_C}{I_F}$$

圖 11-12　光耦合器實習接線(一)

(1) 依圖(11-2)接線，光耦合器可用 4N35 等相關產品。

(2) 改變V_{CC}的大小，並量測I_F、V_F、I_C及V_{CE}。

V_{CC}	0.5V	1V	2V	3V	4V	5V	6V	8V
I_F								
V_F								
I_C								
V_{CE}								

(3) 把V_{CC}由 0V 往上調高，什麼時候I_F能達到 1mA 以上？

Ans：$V_{CC} =$＿＿＿＿＿V，LED 開始導通？

7. 問題

(1) 發光二極體導通所需的順向電壓和矽質二極體相互比較 LED ON 的順向電壓

$V_F =$＿＿＿＿＿，矽質二極體的$V_D =$＿＿＿＿＿。

(2) 此時所用的光耦合器η值是多少？ $\eta =$＿＿＿＿＿。

(3) 若I_F增加，I_C卻沒有上升，這是為什麼？

(4) 若$V_{CC} = $ 0V，$V_o =$＿＿＿＿＿，$V_{CC} = $ 5V，$V_o =$＿＿＿＿＿。

(5) 若把R_C改到射極時，

$V_{CC} = $ 0V，$V_o =$＿＿＿＿＿，$V_{CC} = $ 5V，$V_o =$＿＿＿＿＿。

11-4 電磁切換法之介面處理─電磁式繼電器及磁簧繼電器

一、應用說明

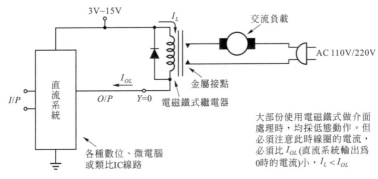

圖 11-13 DC 系統與 AC 系統間的介面處理

為了避免直流系統因輸出的驅動電流 I_{OL} 太小,無法驅動一般電磁式繼電器(I_L 可能從數拾 mA～數百 mA),所以大都於直流系統的輸出再加上電流放大級,如 7407、7406 或 NPN、PNP 電晶體。

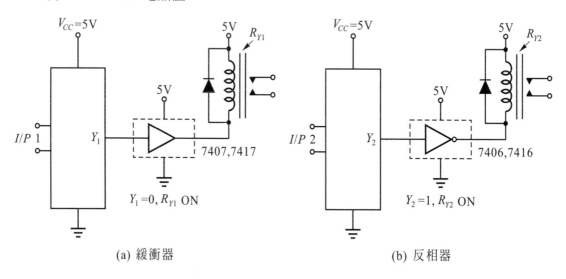

(a) 緩衝器   (b) 反相器

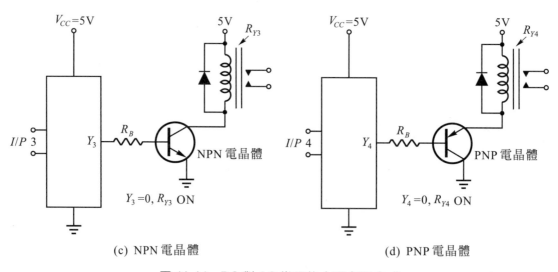

(c) NPN 電晶體   (d) PNP 電晶體

圖 11-14　DC 對 AC 常用的介面處理方式

二、電磁式繼電器介紹

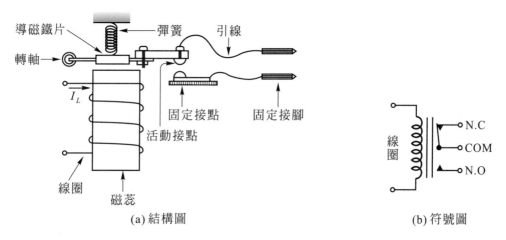

(a) 結構圖　　　　　　　　　　　　　(b) 符號圖

圖 11-15　電磁式繼電器結構示意圖

當線圈有電流流過的時候，則產生磁場，磁力線集中於磁蕊之中，則對導磁鐵片產生吸力，並帶動活動接點往下，而與固定接點相接觸，便達到由 I_L 產生磁力，控制開關接點導通(ON)，$I_L = 0$ 時，磁力消失，則彈簧把活動接點往上拉，使得開關接點斷路(OFF)。

而開關接點，並非只有兩點，可能兩點、參點……，如圖 11-16 所示。

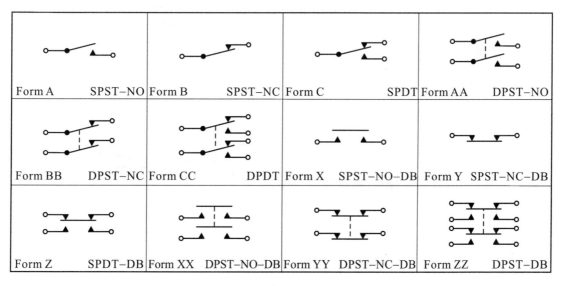

圖 11-16　電磁式繼電器可能的接點組合

1. 電磁式繼電器接腳判斷

    (1) 用三用電表的Ω檔量測各接腳

        ① 約(數拾Ω(≠ 0Ω)～數百Ω)……(線圈)。

        ② 0Ω(短路) ……(N.C 和 COM，或同一接點)。

        ③ ∞Ω(斷路)……(N.O 和 COM，N.O 和 N.C，或接點與線圈)。

    (2) 量測時，先找到線圈的那兩支腳，並做標記，剩下的就是 N.C、COM 和 N.O 接點，就很容易分辨出來。

2. 電磁式繼電器電氣特性確認

    (1) 把線圈加上直流電壓(不必管極性)，然後電壓由 0V 往上增加。

    (2) 當聽到「嗒」一聲或看到活動接點彈到另一邊，記錄此時的電壓值 V_{DC}。

    (3) 一般為了使接點吸得很牢，大都以 $V_{DC}+(1V \sim 3V)$ 為工作電壓。

    (4) 把直流電壓加到($V_{DC}+2V$)左右，量此時線圈的電流，則為繼電器線圈的工作電流 I_L。

3. 電磁式繼電器的接點容量

    (1) 接點容量指的是此時金屬接點所能承受的電壓和電流到底有多大？

    (2) 若所用的 AC 負載為 110V，550W 的電器，則必須選用繼電器的接點容量為

        ① 接點所能承受的電壓：110V× (1.5～2)(安全係數)≈220V

        ② 接點所能承受的電流：(550W/110V) × (1.5～2)≈10A

三、磁簧繼電器介紹

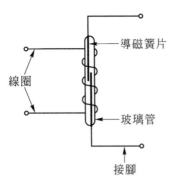

導磁簧片

線圈

玻璃管

接腳

導磁簧片被裝在玻璃管裡面則不易氧化，當於玻璃管上繞線圈，便能產生磁場，控制導磁簧片是否相吸住，而達到切換開關接點ON、OFF的目的

圖 11-17　磁簧繼電器示意圖與說明

　　磁簧繼電器已被大量做成IC型的包裝，很適合直接使用於PCB電路中，不容易因氧化而損耗爲其最大優點，線圈電流約3mA～10mA很容易使用，一般數位IC直接驅動爲另一優點。缺點爲接點所能承受的電流只有數百mA～數A(安培)。

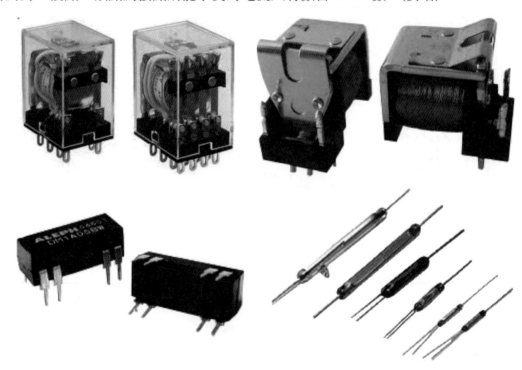

圖 11-18　電磁式繼電器與磁簧式繼電器實物照片

11-5 光電切換法之介面處理─固態繼電器 SSR

目前已經有許多以"光信號"控制110V/220V交流負載的元件可供使用，它的結構就像光耦合器，發射端都是紅外線發光二極體，只是接收端被改成工業電子元件SCR或TRIAC。

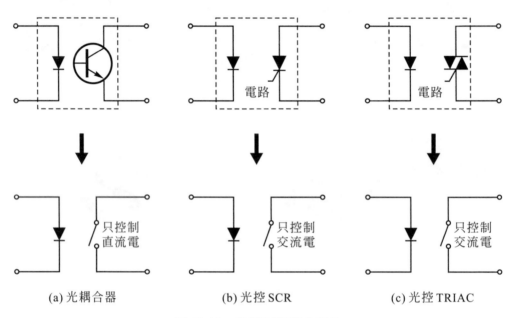

| (a) 光耦合器 | (b) 光控 SCR | (c) 光控 TRIAC |

圖 11-19　各種光電耦合元件

光耦合器：輸出端為 NPN 電晶體，只當直流開關使用。

光控 SCR：輸出端為 SCR(矽控整流器)，交、直流開關均可使用。

光控 TRIAC：輸出端為 TRIAC(雙向閘流體)，只當交流開關使用。

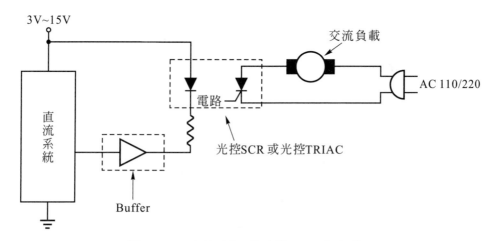

圖 11-20　光控 SCR 及光控 TRIAC 之應用

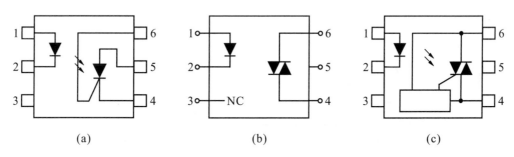

圖 11-21　光控 SCR 及光控 TRIAC 符號與接腳

因 IC 型的光控元件(光控 SCR 和光控 TRIAC)所能承受的電流很少超過 1A，然而針對少則 5A、10A 甚至 20A、50A 的交流負載，IC 型的光控元件已不敷使用。此時便以光控元件小電流去驅動更大型的 SCR 或 TRIAC，達到控制數拾安培的交流負載，茲提供數個電路予您參考。這種線路所做成的產品稱之為 SSR。

而這些以工業電子元件所做成的控制開關，乃以半導體元件的 ON、OFF 動作，取代金屬接點 ON、OFF 動作，兩者比較如下。

特性 接點	導通特性	氧化情形	體積大小	反應速度
半導體接點	約 0.4V～1V	不氧化	很小	μs 以下
金屬接點	約 0V	會氧化	很大	ms 以上

　　茲因半導體開關有體積小、速度快及不氧化的優點,使得SSR(固態繼電器)已被大量使用於各種 AC 控制系統中,用以取代電磁式繼電器,而目前已經有由 FET 當輸出的 SSR,專門針對 DC 大電流的控制。

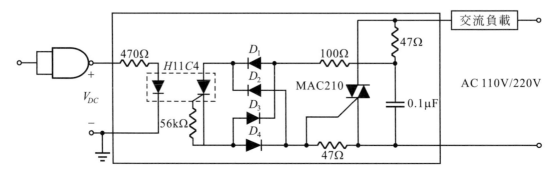

圖 11-22　SSR 固態繼電器參考線路(一)

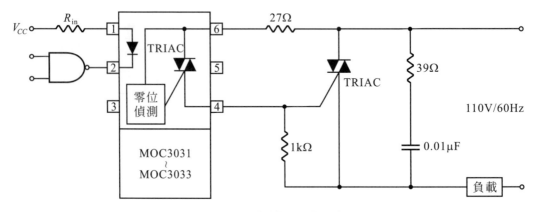

圖 11-23　SSR 固態繼電器參考線路(二)

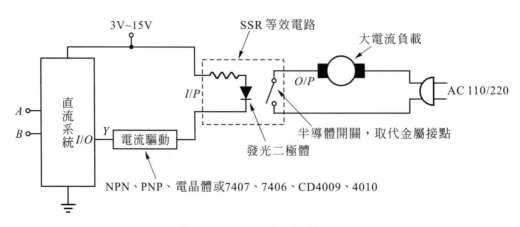

圖 11-24　SSR 應用接線說明

綜合 SSR 的使用技巧：

⑴　不要管 SSR 內部是什麼，輸入(I/P)加 3V～15V 直流電，輸出(O/P)就能控制 AC 110V 或 AC 220V 的負載。

⑵　SSR 的驅動方式，如同光發射器(LED)的驅動方式。

⑶　必須注意輸出端的電流額度是多少安培？

⑷　總結而言，SSR 是一個大電流的光控開關。

11-6　實習項目(二)電磁繼電器與 SSR 應用實習—震動防盜器

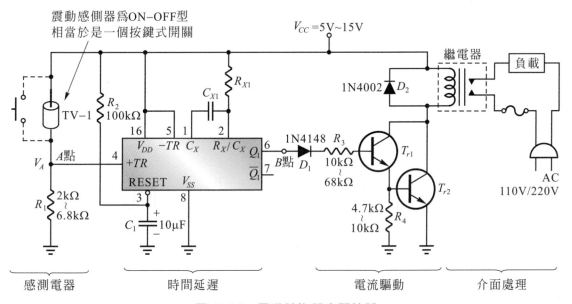

圖 11-25　震動防盜器實習線路

一、實習目的：

1.　了解怎樣選用一個合適的介面處理元件：繼電器和 SSR。

2.　認識一種震動感測器 TV-1。

3.　練習設計一個實用震動防盜器。

二、系統說明

1.　震動感測器 TV-1

TV-1 是一種相當靈敏的震動感測器，它的等效電路就是一個金屬開關，只是TV-1的 ON 和OFF 乃由「震動」與否決定之。而在使用時，有如下的安排。

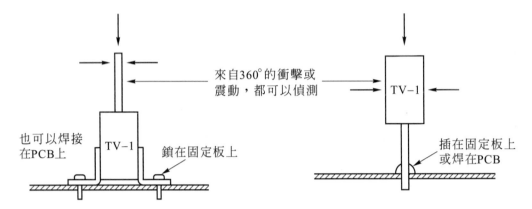

圖 11-26　震動感測器 TV-1 的固定方法

2.　時間延遲 CD4538

CD4538 是一顆 CMOS 的單擊 IC(可當單一脈波產生器)，只要接收到一次觸發，便能產生一個脈波，且脈波的寬度乃由R_{x1}和C_{x1}所決定。

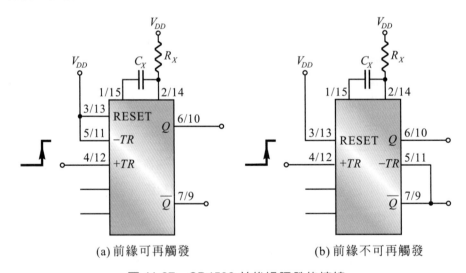

(a) 前緣可再觸發　　　　　(b) 前緣不可再觸發

圖 11-27　CD4538 前後緣觸發的接線

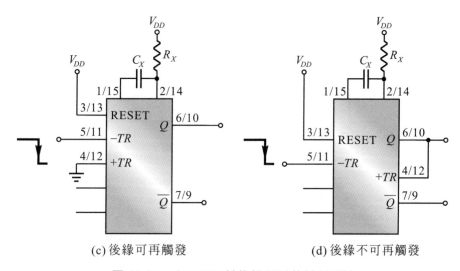

(c) 後緣可再觸發　　　　(d) 後緣不可再觸發

圖 11-27　CD4538 前後緣觸發的接線(續)

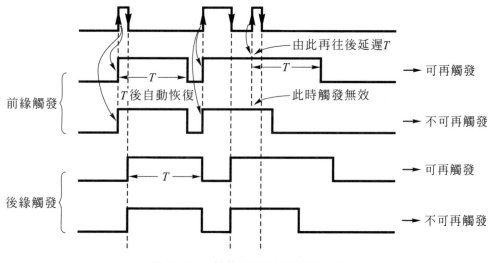

圖 11-28　前後緣觸發之波形分析

從圖(11-27) CD4538 前後緣觸發的接線，清楚地看到。

(1) $\begin{cases} +TR(前緣觸發輸入腳)：當遇到由 0 變到 1(\underline{\quad\rule{0.5cm}{0pt}})的瞬間。 \\ -TR(後緣觸發輸入腳)：當遇到由 1 變到 0(\overline{\quad}\rule{0.5cm}{0pt})的瞬間。 \end{cases}$

(2)脈波寬度 $T = R_X \cdot C_X$，R_X：4kΩ以上，C_X：5000pF～100μF。

(3)可再觸發操作與不可再觸發操作，若 $R_X = 100$kΩ，$C_X = 10$μF。

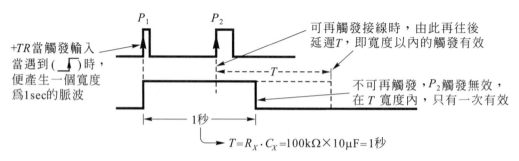

圖 11-29　可再觸發和不再觸發的說明

3. 電流驅動與介面處理

這方面的應用我們已經做過詳細說明，T_{r1}、T_{r2}組成達靈頓電路以增加電流驅動能力，介面處理此時先以電磁式繼電器為之，亦可用 SSR 取代繼電器。

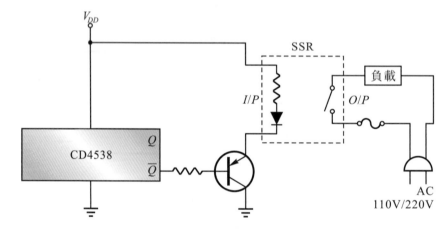

圖 11-30　用 SSR 當介面處理元件

三、動作分析

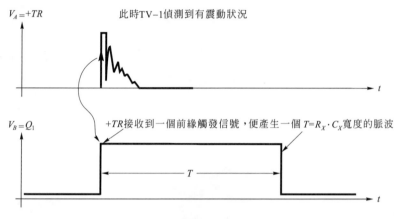

圖 11-31　動作波形分析

四、製作設計

1. 請您設計一個電路使用於機車防盜。

   (1) 使用機車上的電池當電源。

   (2) 當機車停好拔掉鑰匙 30 秒以後，防盜器自動開機。

   (3) 有人拍打或移動機車時，警報器大叫。

2. 請您設計一個電路，使用於玻璃儲櫃之敲擊震動偵測。

   (1) 震動感測器貼於玻璃上。

   (2) 一次能偵測八個地方。

   (3) 發生敲擊震動時，必須知道是那一個地方發生震動。

圖 11-32　SSR 實物照片

國家圖書館出版品預行編目資料

數位模組化創意實驗(附數位實驗模組 PCB) / 盧明
智, 許陳鑑, 王地河編著. -- 二版. -- 新北市
: 全華圖書, 2013.05
面 ; 公分
ISBN 978-957-21-8902-3(平裝)
1.CST: 積體電路
448.62 102004687

數位模組化創意實驗
(附數位實驗模組 PCB)

作者 / 盧明智、許陳鑑、王地河

發行人 / 陳本源

執行編輯 / 張峻銘

出版者 / 全華圖書股份有限公司

郵政帳號 / 0100836-1 號

印刷者 / 宏懋打字印刷股份有限公司

圖書編號 / 06001016

二版五刷 / 2022 年 05 月

定價 / 新台幣 490 元

ISBN / 978-957-21-8902-3 (平裝)

全華圖書 / www.chwa.com.tw

全華網路書店 Open Tech / www.opentech.com.tw

若您對書籍內容、排版印刷有任何問題,歡迎來信指導 book@chwa.com.tw

臺北總公司(北區營業處)
地址:23671 新北市土城區忠義路 21 號
電話:(02) 2262-5666
傳真:(02) 6637-3695、6637-3696

南區營業處
地址:80769 高雄市三民區應安街 12 號
電話:(07) 381-1377
傳真:(07) 862-5562

中區營業處
地址:40256 臺中市南區樹義一巷 26 號
電話:(04) 2261-8485
傳真:(04) 3600-9806(高中職)
(04) 3601-8600(大專)

歡迎加入 全華會員

● 會員獨享

會員享購書折扣、紅利積點、生日禮金、不定期優惠活動…等。

● 如何加入會員

掃 QRcode 或填妥讀者回函卡直接傳真 (02) 2262-0900 或寄回,將由專人協助登入會員資料,待收到 E-MAIL 通知後即可成為會員。

如何購買 全華書籍

1. 網路購書

全華網路書店「http://www.opentech.com.tw」,加入會員購書更便利,並享有紅利積點回饋等各式優惠。

2. 實體門市

歡迎至全華門市(新北市土城區忠義路 21 號)或各大書局選購。

3. 來電訂購

(1) 訂購專線:(02) 2262-5666 轉 321-324
(2) 傳真專線:(02) 6637-3696
(3) 郵局劃撥(帳號:0100836-1 戶名:全華圖書股份有限公司)
※ 購書未滿 990 元者,酌收運費 80 元。

OpenTech 全華網路書店.com.tw

全華網路書店 www.opentech.com.tw
E-mail: service@chwa.com.tw

※ 本會員制如有變更則以最新修訂制度為準,造成不便請見諒。

讀者回函卡

掃 QRcode 線上填寫 ▶▶▶

姓名：

生日：西元　　　年　　　月　　　日　　性別：□男 □女

電話：（　　）　　　　　　手機：

e-mail：（必填）

註：數字零，請用 Φ 表示，數字 1 與英文 L 請另註明並書寫端正，謝謝。

通訊處：□□□□□

學歷：□高中・職 □專科 □大學 □碩士 □博士

職業：□工程師 □教師 □學生 □軍・公 □其他

學校／公司：　　　　　　　　科系／部門：

・需求書類：

□A. 電子 □B. 電機 □C. 資訊 □D. 機械 □E. 汽車 □F. 工管 □G. 土木 □H. 化工 □I. 設計

□J. 商管 □K. 日文 □L. 美容 □M. 休閒 □N. 餐飲 □O. 其他

・本次購買圖書為：　　　　　　　　　　書號：

・您對本書的評價：

封面設計：□非常滿意 □滿意 □尚可 □需改善，請說明

內容表達：□非常滿意 □滿意 □尚可 □需改善，請說明

版面編排：□非常滿意 □滿意 □尚可 □需改善，請說明

印刷品質：□非常滿意 □滿意 □尚可 □需改善，請說明

書籍定價：□非常滿意 □滿意 □尚可 □需改善，請說明

整體評價：請說明

・您在何處購買本書？

□書局 □網路書店 □書展 □團購 □其他

・您購買本書的原因？（可複選）

□個人需要 □公司採購 □親友推薦 □老師指定用書 □其他

・您希望全華以何種方式提供出版訊息及特惠活動？

□電子報 □DM □廣告 （媒體名稱　　　　　）

・您是否上過全華網路書店？（www.opentech.com.tw）

□是 □否　您的建議

・您希望全華出版哪方面書籍？

・您希望全華加強哪些服務？

感謝您提供寶貴意見，全華將秉持服務的熱忱，出版更多好書，以饗讀者。

填寫日期：　　　／　　　／

2020.09 修訂

親愛的讀者：

感謝您對全華圖書的支持與愛護，雖然我們很慎重的處理每一本書，但恐仍有疏漏之處，若您發現本書有任何錯誤，請填寫於勘誤表內寄回，我們將於再版時修正，您的批評與指教是我們進步的原動力，謝謝！

全華圖書　敬上

勘 誤 表

書號	頁　數	行　數	書　名	作　者
			錯誤或不當之詞句	建議修改之詞句

我有話要說：　（其它之批評與建議，如封面、編排、內容、印刷品質等⋯⋯）